HELIOS MEDIA
PUBLISHING HOUSE

Grundlagen der Internen Unternehmenskommunikation

Herausgeber: depak Presseakademie GmbH

Koordination: Andreas Neßlinger

1. Auflage Juli 2010

Helios Media GmbH
Friedrichstraße 209
D – 10969 Berlin
Tel +49 (0)30/ 84 85 90
Fax + 49 (0)30/ 84 85 92 00
info@helios-media.com
www.helios-media.com

Satz und Layout: Helios Media
Umschlaggestaltung nach Entwürfen von Marcel Franke
Umschlagbild: Theo van Doesburg, Simultaneous Counter-Composition,
www.wikimedia.org
Druck: Print & Media, Möllerdamm 3, 18337 Dänschenburg
Printed in Germany ISBN: 978-3-942263-04-7

ULRIKE BUCHHOLZ / SUSANNE KNORRE

Grundlagen der Internen Unternehmenskommunikation

Inhaltsübersicht

Abbildungsverzeichnis

Vorbetrachtung

Während die Interne Kommunikation lange Jahre in der einschlägigen Fachdiskussion – analog zu ihrer Bedeutung in den meisten Unternehmen – ein Mauerblümchendasein gefristet hat, kann man in den letzten zehn Jahren eine enorme Intensivierung der Auseinandersetzung mit diesem Thema feststellen. Das ist nicht zuletzt an den entsprechenden Veröffentlichungen erkennbar, deren Zahl kontinuierlich angestiegen und in den letzten vier Jahren regelrecht hochgeschnellt ist.

Der Grund dafür ist in der wachsenden strategischen Bedeutung der Disziplin für die grundsätzliche Mitarbeiterführung zu suchen. Denn im genannten Zeitraum haben sich die Rahmenbedingungen für die Gestaltung und Steuerung eines Unternehmens stetig und mit zunehmender Geschwindigkeit verändert, was zudem eine steigende Komplexität der Organisationsformen nach sich zog. Dadurch nimmt nun auch der Bedarf an wirkungsvoller Kommunikation innerhalb einer Organisation signifikant zu. Vielfach wird die Interne Kommunikation inzwischen in die Reihe anderer Managementprozesse gestellt und wie diese nicht nur – wie lange Jahre zuvor – als Kostenfaktor betrachtet, sondern auch als Erfolgsfaktor, der Substanzielles zum Erreichen der Unternehmensziele beitragen kann.

Bis hierher hat die Interne Kommunikation einen langen Weg zurücklegen müssen, der mit einer zunehmenden, heute aber noch keineswegs abgeschlossenen Professionalisierung einherging. Die Anfänge der Mitarbeiterkommunikation lassen sich mit dem Aufkommen der Industrialisierung und der damit einhergehenden sozialpolitischen Entwicklung des beginnenden 20. Jahrhunderts festhalten. Die Idee einer patriarchalisch organisierten Betriebsfamilie, die aus sozialer Verantwortung für die Gesundheit und die Integration seiner Mitglieder Sorge trägt, führte zum Beispiel zu frühen Modellen der betrieblichen Altersversorgung und zu ersten Ansätzen einer betrieblichen Gesundheitsfürsorge. Aber auch klassisch top-down geführte Informationen des Unternehmensführers – meist in Form einer Werkszeitung im patriarchalischen Stil – zählten schon früh zu den bevorzugten Mitteln der Mitarbeiterbindung.

Seitdem ist die Mitarbeiterkommunikation eine feste Komponente in der Unternehmensführung, wenngleich ihr eine strategische Bedeutung jahrzehntelang nicht zugemessen wurde. Erst die weltweite signifikante Zunahme ökonomischer, politischer und kultureller Problemstellungen seit Beginn der Achtzigerjahre änderte die Einstellung zur internen Kommunikation. Die Unternehmer stellten fest, dass die eigenen Mitarbeiter für den Unternehmenserfolg eine bedeutende Rolle spielen und eine positive Unternehmenskultur viel zum Gesamterfolg beitragen kann. Aber Zufriedenheit am und mit dem Arbeitsplatz und damit eine Bindung an das Unternehmen war nicht mehr automatisch nur durch materielle Gratifikationen und die Aussicht auf eine lebenslange Beschäftigung zu erzielen. Nur informierte Mitarbeiter, so die Erkenntnis, identifizieren sich mit ihrem Unternehmen und sind motiviert, einerseits Leistung zu erbringen und andererseits als positive Multiplikatoren nach außen zu wirken. Unternehmensinterne Kommunikation wurde folglich praktiziert, um die Mitarbeiterzufriedenheit zum Zweck der Leistungssteigerung und der Bindung an das Unternehmen zu erhöhen.

Mit dem Einzug von Kaizen, Total Quality Management, Reengineering, Lean Management oder Just in Time vor allem seit den frühen Neunzigerjahren rückte die organisationsinterne Kommunikation noch stärker in das Bewusstsein der verantwortlichen Manager und entwickelte sich unter dem Einfluss anhaltender Veränderungsprogramme in den Unternehmen bis heute nach und nach zu einem strategisch relevanten Instrument der Unternehmensführung. Dadurch steht es jedoch konsequenterweise wie alle anderen Managementfunktionen auch unter immer härter werdendem Erfolgsdruck.

Unternehmenssteuerung durch Kommunikation ist heute eine verbreitete Sichtweise und stellt hohe fachliche Anforderungen an die Funktionsinhaber der Internen Unternehmenskommunikation. Letztlich geht es immer um die Unterstützung der Unternehmensziele, die über bestimmte Stellhebel angesteuert werden.

Mit Interner Unternehmenskommunikation werden mithin alle internen horizontalen und vertikalen Prozesse organisierter Kommunikation bezeichnet, die durch Einwirken auf Wissen, Einstellungen und Verhalten der Mitglieder eines Unternehmens Entscheidungen ermöglichen, Akzeptanz für diese Entscheidungen und daraus resultierende Handlungen herbeiführen sowie Vertrauen in die Führungspersonen schaffen, um so durch den Erhalt oder die Verbesserung der Produktivität die materiellen und immateriellen Unternehmensziele zu erreichen.

Das vorliegende Lehrbuch soll dazu beitragen, den gegenwärtigen und zukünftigen Herausforderungen besser gewachsen zu sein. Es richtet sich an Studierende und Lehrende aller Aus- und Weiterbildungsstudiengänge, die sich vollständig oder modular mit den Themen Unternehmenskommunikation oder Kommunikationsmanagement befassen und womöglich einen Schwerpunkt auf die Interne Kommunikation legen. Darüber hinaus wendet es sich an alle Praktiker aus PR-Abteilungen von Unternehmen oder aus PR-Agenturen, die sich eine theoretische Grundlage für eine professionelle Umsetzung der Internen Kommunikation legen wollen.

Das vorliegende Lehrbuch befasst sich mit der Internen Unternehmenskommunikation, beleuchtet die Disziplin also aus der Perspektive des Kommunikationsmanagements in Gewinn orientierten Wirtschaftsorganisationen. Die (Aus)Gestaltung ihres Beitrags zur Gesamtwertschöpfung steht demnach stets im Mittelpunkt der Auseinandersetzung mit ihren verschiedenen Ansatzpunkten.

Die Kapitel erläutern die grundsätzliche Einordnung der Internen Kommunikation in die Unternehmensführung, befassen sich anschließend mit den wesentlichen Aspekten ihrer strategischen Ausrichtung sowie operativen Umsetzung und beleuchten abschließend aktuelle Problemstellungen der Unternehmensführung unter dem Gesichtspunkt einer adäquaten Unterstützung durch die Interne Kommunikation. Das Buch ist so aufgebaut, dass es den Zugang zu den genannten Inhalten sowohl über einen »roten Faden« als Ganzes als auch modular über die einzelnen Themen ermöglicht.

Der modulare Aufbau soll es dem Leser und der Leserin ermöglichen, sich das Gesamtwissen über einzelne in sich geschlossene Lehreinheiten nach Bedarf in jeder individuellen Abfolge des Lernens anzueignen. So soll die Vermittlung von Handlungskompetenz in jedem Wissensbaustein schließlich dazu führen, dass die Funktion der Internen Unternehmenskommunikation den Anforderungen der Praxis entsprechend ausgefüllt werden kann.

Der **Wissensbaustein Kapitel 1** erklärt die grundsätzliche Managementfunktion der Internen Unternehmenskommunikation im Leitungssystem einer Organisation. Es wird also die Funktion der Internen Kommunikation aus Sicht der Unternehmensführung erläutert. Dabei soll verständlich werden, dass sie nur dann »auf Augenhöhe« akzeptiert wird, wenn ihr Beitrag zum Gesamtwertschöpfungsprozess des Unternehmens erkennbar ist. Und dieser Beitrag schlägt sich nieder im Gestalten von Handlungsspielräumen für die Unternehmensleitung und die Aufrechterhaltung der Handlungsfähigkeit im Unternehmen.

Der **Wissensbaustein Kapitel 2** erklärt, warum die Funktion der Internen Unternehmenskommunikation unter dem Aspekt des Kommunikationsmanagements betrachtet werden muss. Der Gedanke der Handlungsspielräume bzw. der Handlungsfähigkeit wird aufgegriffen, indem die Bedeutung der Kommunikation für die Entscheidungsfindung und -durchsetzung innerhalb des Unternehmens erläutert wird. Dabei soll verständlich werden, dass die Interne Unternehmenskommunikation in ihrer Managementfunktion die Organisationsstrukturen und -prozesse im Sinne der Unternehmensziele mitgestalten muss, um der Unternehmensleitung so ein marktadäquates Ausüben von Handlungsoptionen zu ermöglichen.

Der **Wissensbaustein Kapitel 3** greift den Aspekt der Organisationsfunktion wieder auf und erklärt, wie sich die Interne Unternehmenskommunikation als Organisationseinheit im Leitungssystem des Unternehmens aufstellen muss, um überhaupt wertschöpfend arbeiten zu können. Es soll verständlich werden, wie sie ihre eigenen Strukturen und Prozesse ihren Aufgaben entsprechend gestalten und in das Gesamtsystem einbinden muss.

Der **Wissensbaustein Kapitel 4** führt den Gedanken der Organisationseinheit weiter und erläutert, welche rechtlichen bzw. gesetzlichen Maßgaben der Unternehmensführung die Interne Unternehmenskommunikation berücksichtigen muss, wenn sie ihre eigenen Prozesse wertschöpfend durchführen und die grundsätzlichen Kommunikationsprozesse im Unternehmen zielorientiert unterstützen will.

Der **Wissensbaustein Kapitel 5** setzt sich damit auseinander, auf wen die zuvor beschriebenen Prozesse prinzipiell zielen. Es wird erläutert, dass es nicht reicht, Arbeitsabläufe und Verfahren um ihrer selbst Willen einzurichten, durchzuführen und zu optimieren. Vielmehr muss die Anspruchsgruppe der Mitarbeiter Ausgangspunkt jeglicher Aktion sein. Dabei soll verständlich werden, wie heterogen diese Anspruchsgruppe tatsächlich ist, und welche Überlegungen angestellt werden müssen, um Kommunikationsmaßnahmen zielgruppenadäquat zu planen und für die Umsetzung vorzubereiten.

Der **Wissensbaustein Kapitel 6** erklärt, wie nach der Identifizierung von Anspruchsgruppen weiter verfahren werden sollte, wenn daraus Zielgruppen für geplante Kommunikationsmaßnahmen konkret angesprochen werden sollen. Es soll verständlich werden, dass sich die Wahl der Instrumente nach den zu vermittelnden Themen richten muss und nicht einem mehr oder weniger beliebigen Medienmix folgen darf. Dabei ist der direkten, persönlichen Kommunikation bei allen Vorteilen und Möglichkeiten der Social Media besonderes Augenmerk zu schenken.

Der **Wissensbaustein Kapitel 7** greift die Inhalte der beiden vorhergehenden Kapitel auf und setzt die Führungskräftekommunikation dazu in Bezug. Es soll deutlich werden, dass die Führungskräfte jeder Hierarchieebene sowohl Zielgruppe der Internen Kommunikation sind wie auch Kommunikationsmittel im Rahmen der persönlichen Kommunikation für die Mitarbeiterebene. Der Baustein zeigt, wie die Interne Unternehmenskommunikation die Führungskräftekommunikation als Mittel der Unterstützung von Unternehmensprozessen wie etwa Veränderungsvorhaben gestalten muss.

Der **Wissensbaustein Kapitel 8** erläutert die Kommunikationszusammenhänge in einem der wichtigsten, wenn nicht in dem wichtigsten Unternehmensprozess der Gegenwart überhaupt, nämlich im Veränderungsprozess, und greift so einen Teil der Überlegungen aus Kapitel 7 auf. Es soll deutlich werden, welche Mechanismen auf das Verhalten in solchen Prozessen wirken und wie die Zielgruppe der betroffenen Mitarbeiter mit Hilfe der Kommunikation erfolgreich hindurchgeführt werden kann, so dass der Wandel zustande kommt. Dazu entwickelt diese Lehreinheit ein Modell für die Planung und Gestaltung einer zielgruppenadäquaten Kommunikation.

Der **Wissensbaustein Kapitel 9** erklärt, wie der Beitrag der Internen Unternehmenskommunikation am Gesamtwertschöpfungsprozess des Unternehmens gemessen und bewertet werden kann. Es soll deutlich werden, dass das Kommunikationscontrolling eine wesentliche Voraussetzung für ein effektives und effizientes Kommunikationsmanagement ist. Dazu werden gängige Modelle und Verfahren dargestellt und für den Bereich der Internen Kommunikation exemplifiziert.

Der **Wissensbaustein Kapitel 10** führt den »roten Faden« wieder zum Anfang zurück, indem er die grundsätzlichen Zusammenhänge aus den Kapiteln 1–3 erneut aufgreift. Mit Blick auf die Anforderungen an die Interne Unternehmenskommunikation werden aktuelle Ansatzpunkte der Unternehmensführung beleuchtet. An den Beispielen des Innovationsmanagements, der Corporate Social Responsibility, des Diversity Managements und des Employer Brandings oder auch Personalmarketings wird gezeigt, wie die Interne Unternehmenskommunikation zum Gelingen dieser Führungsprozesse beitragen kann.

Der **Wissensbaustein Kapitel 11** schließlich greift in der Rückschau der vorangegangenen Kapitel die Themen der Internen Unternehmenskommunikation mit besonderem Zukunftspotenzial auf. Es beleuchtet, welche zum Teil noch wenig beachteten Herausforderungen auf die Disziplin und ihre Protagonisten warten. Dabei soll deutlich werden, welche Ansatzpunkte für eine gefestigte, anerkannte Positionierung der Disziplin als Managementfunktion im Kanon der Führungsprozesse angegangen und professionell umgesetzt werden müssen.

Am Schluss jedes Wissensbausteins werden ausgewählte Publikationen zu den entsprechenden Inhalten vorgestellt und kurz kommentiert. Dies soll den Lesern einen schnellen Überblick über die inzwischen zahlreich existierenden Beiträge zur Internen Kommunikation verschaffen und ihnen eine aus Sicht der Autorinnen sinnvolle Orientierung ermöglichen. Darüber hinaus dienen diese Lesehinweise der Vertiefung der jeweiligen Themen für alle diejenigen, die sich ausführlicher mit Einzelaspekten, insbesondere im Rahmen des Kommunikationsmanagements, befassen wollen. Aus Gründen der beschriebenen Auswahl aus der Vielzahl der Veröffentlichungen wird auf eine separate, auf bibliographische Vollständigkeit achtende Literaturliste zum Schluss des Buches verzichtet.

1. Kapitel
Interne Unternehmenskommunikation: Wertschöpfungsaspekt einer prozessorientierten Unternehmensführung

Die wesentliche Antriebskraft unternehmerischen Handelns ist das Schaffen und Ausschöpfen von Handlungsspielräumen und die Abwendung der Existenzbedrohung. Das Durchsetzen dazu notwendiger, auch unpopulärer Entscheidungen benötigt die Unterstützung interner und externer Anspruchsgruppen mit ihren pluralistischen Interessen. Dazu zählt auch die Autorisierung durch die Mitarbeiter, die sich im negativen wie im positiven Fall unmittelbar auf den Wettbewerbsfaktor Produktivität auswirkt. Die Aufgabe der Kommunikation ist es dabei, Vertrauen in die Unternehmensführung und ihre Strategien herzustellen und insgesamt einen Meinungsbildungsprozess in Gang zu setzen, der eine Legitimation stabilisiert und damit die Handlungsfähigkeit aufrechterhält. Für die Leitung der Internen Unternehmenskommunikation ist es in diesem Zusammenhang im allgemeinen erstrebenswert, eine direkte Anbindung an den Vorstand bzw. die Geschäftsführung (dominierende Koalition) zu erreichen. Es stellt sich allerdings die Frage, ob diese Positionierung in Zukunft noch zielführend sein wird, da Unternehmensstrukturen und die für Entscheidungen erforderlichen Machtzentren zunehmend fluktuieren, sich neu aufstellen, vielfach variieren, dabei multinationaler und komplexer werden (polyzentrische Systeme) und so zunehmend gekennzeichnet sein werden durch mehrere, weitreichend autonome Teilbereiche mit eigenständiger Entscheidungs- und Durchsetzungsmacht. Die genannten Aufgaben der Internen Kommunikation werden dadurch nicht einfacher umzusetzen sein. Ein Schwerpunkt muss auf der Vernetzung der Unternehmensmitglieder sowie auf dem Schaffen von Kommunikationsereignissen liegen. Das führt schließlich auch zur Verabschiedung eines traditionellen Wir-Gefühls als Grundlage der Zusammenarbeit zugunsten eines zeitgemäßen Gemeinschaftssinns.

Unternehmen sind gewinnorientierte Organisationen, die marktwirtschaftlichen Rahmenbedingungen um Angebot und Nachfrage unterliegen, wodurch sie in einem permanenten (globalen) Wettbewerb stehen. Diesen bestreiten sie entweder unter dem Aspekt der Effektivitätsvorteile oder der Effizienzvorteile. Entweder stehen sie also in einem Wettbewerb um den überlegen Nutzen für einen oder mehrere Teile der Gesellschaft durch die alleinige Bereitstellung wünschenswerter Produkte oder Dienstleistungen oder sie ringen um das beste Kosten/Nutzen-Verhältnis, das heißt den Einsatz geringerer Mittel mit niedrigeren Kosten für den gleichen Nutzen. Dabei ist die Produktivität, also das Verhältnis von Ertrag und Aufwand beziehungsweise Produktionsfaktoren (output und input), der zentrale Maßstab für erfolgreiches unternehmerisches Handeln. Als essentielle Produktionsfaktoren gelten gemeinhin die Mitarbeiter.

Die Natur eines Wettbewerbs bringt es mit sich, dass seine Teilnehmer nicht nur gewinnen können, sondern auch nicht selten schwerwiegende Nachteile hinnehmen müssen oder gar ganz ausscheiden können. Erschwerend für den marktwirtschaftlichen Wettbewerb sind dessen spezifische Bedingungen, die aufgrund ihrer Komplexität und Volatiliät weder völlig transparent noch vorhersehbar sind. Vor diesem Hintergrund ist die wesentliche Antriebskraft unternehmerischen Handelns das Schaffen und Ausschöpfen von Handlungsspielräumen und die Abwendung der Existenzbedrohung. Um wettbewerbsfähig zu bleiben und überleben zu können, muss ein Unternehmen dauerhaft mindestens einen branchendurchschnittlichen Gewinn erzielen. Das hängt im Wesentlichen vom Erfolg der Unternehmensführung ab, die mit Blick auf Effektivitätsvorteile oder Effizienzvorteile auf einer angemessenen Strategie fußen muss.

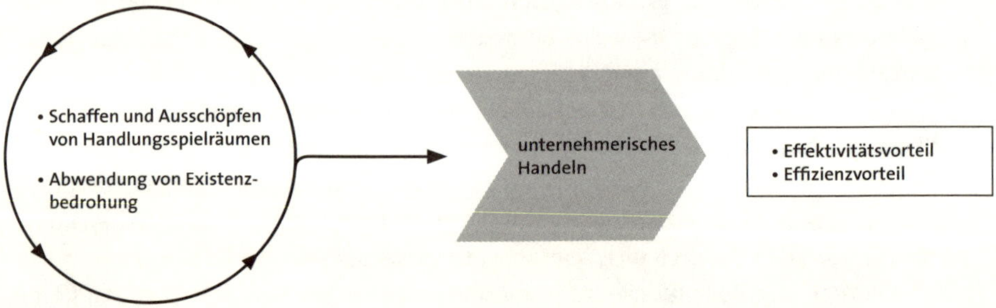

Abbildung 1: Wesentliche Antriebskraft unternehmerischen Handelns

Treffen und Durchsetzen von Entscheidungen

Strategien erfolgreicher Unternehmen basieren auf klaren, langfristig ausgerichteten Zielen, die in Übereinstimmung festgelegt wurden (interessenpluralistische Koalitionen), ein umfassendes Verständnis der Wettbewerbssituation, genauer Kenntnis der eigenen Situation (Ressourcen, Stärken und Schwächen) sowie auf einer effektive Umsetzung aller Aktionspläne. In diesem Zusammenhang hat sich ein Unternehmen mit übereinstimmenden wie gegensätzlichen Interessen unternehmensinterner und -externer Anspruchsgruppen auseinander zu setzen. So sind sowohl unternehmensbezogene

Entwicklungen (Umsatzsteigerung, Ausbau von Marktanteilen, Risikomanagement, Forschungsansätze etc.) wie auch unternehmensumweltbezogene Entwicklungen (staatliche Preisregulierungen, Währungsschwankungen etc.) relevant für die Entscheidungen und Handlungen der Unternehmensführung. Denn diese muss Entscheidungen treffen und sie durchsetzen können, soll das Unternehmen handlungsfähig bleiben. Und dazu benötigt sie eine hinreichende Unterstützung, die diese Entscheidungen und daraus resultierende Handlungen autorisiert, sie legitimiert. Somit sind Entscheidungen das Ergebnis der vielfältigen Forderung unterschiedlichster Interessen in einem pluralistische geprägten Umfeld. Je mehr ein Unternehmen die Unterstützung relevanter Anspruchsgruppen genießt, desto mehr Spielraum besitzt es, auch unpopuläre Entscheidungen nicht nur zu treffen, sondern sie überhaupt und zudem mit geringst möglichem Widerstand durchzusetzen. Jede Verzögerung oder gar ein Scheitern hat einen kostenrelevanten Einfluss auf die Produktivität und damit auf die Wettbewerbsfähigkeit.

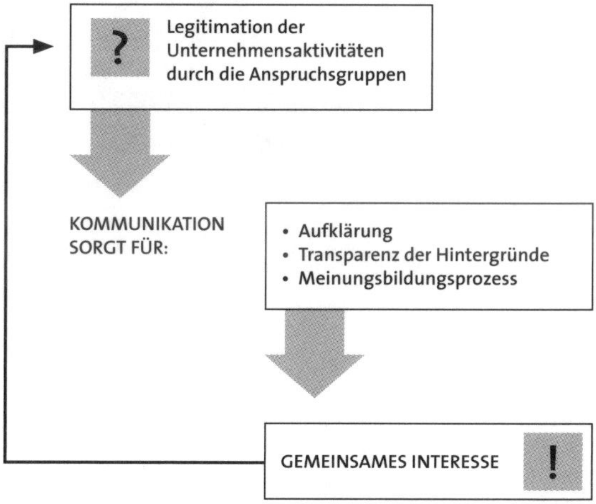

Abbildung 2: Handlungsfähigkeit durch Legitimation

Das Treffen und die Durchsetzung von Entscheidungen im Rahmen der Unternehmensstrategie ist also eine Grundbedingung für die Handlungsfähigkeit des Unternehmens. Kommunikationsarbeit muss diesen Prozess mithin unterstützen, um ihrerseits die Unterstützung des Systems durch die Anspruchsgruppen zu bewirken und zu stabilisieren. Dabei darf allerdings nicht außer Acht gelassen werden, dass eine solche Unterstützung nicht alleine durch Kommunikation herbeigeführt und aufrecht erhalten werden kann.

Denn es sind zunächst die Entscheidungen selbst, die Zustimmung oder Ablehnung und damit Unterstützung oder Widerstand erhalten. Wenn sich Anspruchsgruppen als direkt oder indirekt Betroffene von den Entscheidungen eines Unternehmens wiederholt enttäuscht sehen, werden sie ihre Unterstützung entziehen, das heißt die Legitimation der entsprechenden Entscheidung oder gar die grundsätzliche Legitimation zurücknehmen. Es ist die Aufgabe der Kommunikation für Aufklärung zu sorgen, ausreichend Transparenz der Hintergründe herzustellen, gegebenenfalls die Beweggründe zu erläutern und insgesamt einen Meinungsbildungsprozess in Gang zu setzen, der eine Legitimation stabilisiert und damit die Handlungsfähigkeit aufrechterhält.

Bewertungsmuster berücksichtigen und Interessensausgleich herstellen
Ein Unternehmen kann seine Prozesse also dann als effizient betrachten, wenn es ihm gelingt, Austauschbeziehungen zu allen Anspruchsgruppen herzustellen, die diese als vorteilhaft betrachten, und gleichzeitig die eigenen Unternehmensinteressen nicht zu vernachlässigen. Das heißt, es muss im Austausch mit seinen Anspruchsgruppen eine Wettbewerbsposition erlangen, die sein Überleben und seine Fortentwicklung sichert. Kommunikation ist also dann erfolgreich, wenn sie dem Unternehmen Handlungsfreiheit verschafft. Dazu zählt das Schaffen von Markenbewusstsein genauso wie die Stützung eines Aktienkurses oder die Ansprache und Bindung von guten Mitarbeiterinnen und Mitarbeitern. Vor diesem Hintergrund ist das Kommunikationsbudget immer auch eine Investition in den Unternehmenswert.

Abbildung 3: Austauschbeziehungen zu den Anspruchsgruppen herstellen

Die Auseinandersetzung mit den Anspruchsgruppen erfolgt aber eben oft nicht völlig komplementär, sondern innerhalb komplexer Bewertungsmuster. Denn unterschiedliche Bewerter beurteilen gleiche Sachverhalte aufgrund individueller Werte- und Präferenzstrukturen sowie der daraus abgeleiteten Ansprüche eben unterschiedlich. Kommunikation sorgt dafür, dass die – möglicherweise signifikant differierende – Meinung zu und Interpretation von Inhalten und Fakten seitens einer Anspruchgruppe in Richtung der Unternehmensposition gerückt wird und beide so stärker überlappen. Im Sinne der Unternehmenssicherung und -fortentwicklung muss ein Unternehmer also die verschiedenen Bewertungsmuster bei seinen Entscheidungen und Handlungen berücksichtigen und versuchen, einen Interessensausgleich herbeizuführen. Das gilt auch im Umgang mit der Anspruchgruppe Mitarbeiter, deren Nicht-Akzeptanz, trotz des besonderen Abhängigkeitsverhältnisses, zu einem massiven Wettbewerbsnachteil führen kann. Eine mangelnde oder gar fehlende Autorisierung durch die Mitarbeiter wirkt sich unmittelbar auf die Produktivität aus.

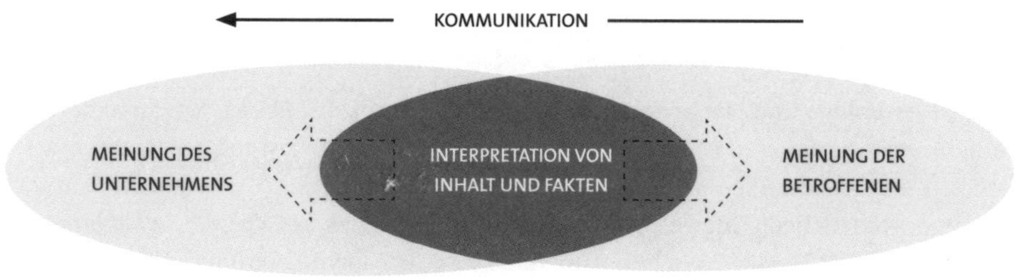

Abbildung 4: Durch Kommunikation für Interessensausgleich sorgen

Über Verständnis, Akzeptanz, Motivation und Identifikation zur Produktivität

Die Interne Kommunikation muss somit auf einer vertikalen Ebene eine im Unternehmenssinn wirkungsvolle Beziehung zwischen der Unternehmensführung und den Mitarbeitern herstellen und auf horizontaler Ebene für einen Meinungsaustausch unter Gleichgestellten sorgen. Damit unterstützt sie die Zusammenarbeit, den Wissensaustausch sowie die Koordination von Funktionen. Indem sie auf Faktoren wie Verständnis, Akzeptanz, Motivation und Identifikation einwirkt, unterstützt sie den Erhalt beziehungsweise die Verbesserung der Produktivität und wirkt mit an der Gestaltung der innerbetrieblichen Sozialisation. Insgesamt besteht ihre Leistung und damit ihr Anteil an der Schaffung von Unternehmenswert darin, Vertrauen in die Unternehmensführung und ihre Strategien herzustellen und positiv auf Wissen, Einstellungen und Verhalten der Mitarbeiter einzuwirken.

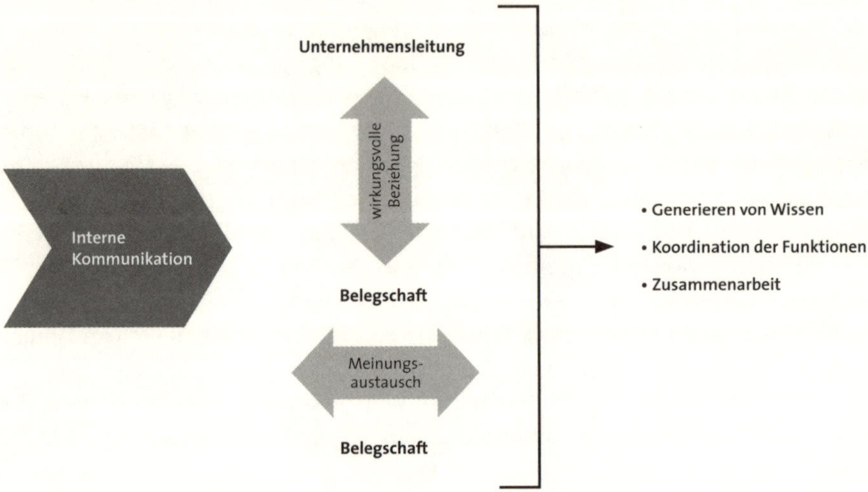

Abbildung 5: Wirkungsvolle Beziehung / Meinungsaustausch

Die Herstellung und Pflege der Beziehung auf der vertikalen Ebene, also zwischen Unternehmensführung und Belegschaft, war lange Zeit das dominante Thema in der Internen Kommunikation. Allerdings hat sich ihre Qualität im Laufe der Zeit verändert. Zunächst ging es um die Befriedigung eines reinen top-down-Prozesses, den Kritiker im Allgemeinen auch als Hofberichterstattung bezeichneten. Diese top-down-Orientierung ist weiterhin dominant in vielen Unternehmen, allerdings zunehmend verbunden mit dem Anspruch eines die Mitarbeiter nun mitnehmenden und darüber hinaus managementorientierten Wertschöpfungsprozesses, der zu einer wachsenden Professionalisierung der Internen Kommunikation geführt hat. Im Laufe dieser Professionalisierung bemühen sich die Verantwortlichen zunehmend mit Erfolg darum, ihre Aufgaben auf Augenhöhe mit der Unternehmensführung zu positionieren. Angestrebt und vermehrt erreicht wird eine Anbindung an die Geschäftsführung beziehungsweise den Vorstand und damit eine Position im (Macht)Zentrum der strategischen Entscheidungen. Damit verbunden wird gleichzeitig die Nähe zu den wesentlichen, unverfälschten Informationen und damit zur Deutungsmacht gegenüber der Anspruchsgruppe Mitarbeiter.

(Deutungs) Machtzentren in den Unternehmen verschieben sich

Es stellt sich allerdings die Frage, ob diese oft schwer erkämpfte Positionierung wirklich zielführend ist. Zum einen, weil sich die Machtverhältnisse bezogen auf Entscheidungsfindung und -durchsetzung in vielen Unternehmen offenbar zugunsten einer mehr und mehr multinationalen Struktur mit mehreren und variierenden Machtzentren entwickelt (Kirsch et al sprechen von Polyzentrismus). Zum anderen, weil diese Strukturen so komplex und schwer durchschaubar werden, dass es für die Kommunikationsexperten womöglich ein Ding der Unmöglichkeit sein wird, kontinuierlich in Besitz der Deutungsmacht zu bleiben.

Betrachten wir zunächst einmal, wie Unternehmensentscheidungen in modernen Unternehmen getroffen werden.

Führen über eine dominierende Koalition

Das langjährige Bemühen der Internen Kommunikation um (formale) Anbindung an die Unternehmensleitung resultiert in der traditionell üblichen Organisation von Unternehmen nach oben zu einer (Entscheidungs)Spitze.

Eine Organisationsstruktur kann man als die Gestaltung von Regeln der Zusammenarbeit in einem Unternehmen bezeichnen. Sie ist darauf ausgerichtet, die Zweck- und Zielerreichung und damit das langfristige Überleben des Unternehmens zu sichern. Sehr häufig werden Unternehmen in der Managementlehre als hierarchisch organisierte Systeme beschrieben, die durch eine wenige Personen umfassende dominierende Koalition an der Spitze der Hierarchie geführt werden. Die Mitglieder dieser dominierenden Koalition können ihre Interessen gegenüber anderen, im Fokus der Organisation stehenden, internen wie externen Anspruchsgruppen oder Individuen durchsetzen. So bildet sich in den traditionellen formalen Organisationsstrukturen der Herrschafts- und Gestaltungswille dieser Unternehmensführung ab. Dabei werden Aspekte wie Spezialisierung, Koordination, Konfiguration (Hierarchisierung), Standardisierung (Routinisierung, Programmierung), Formalisierung (Verschriftlichung) und Delegation (Entscheidungs- und Verantwortungsfreiräume) festgelegt. Die durch die Führungsspitze definierte Unternehmenspolitik bestimmt, welche Interessen sich in den Unternehmenshandlungen niederschlagen. Sie werden formal legitimiert in definierten Richtlinien und Grundsätzen.

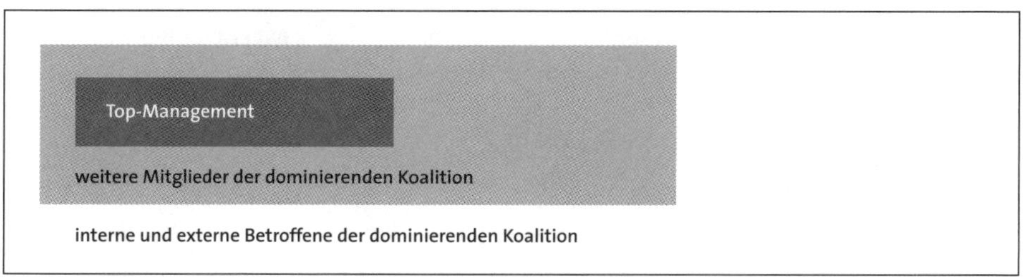

Abbildung 6: Die dominierende Koalition in Unternehmen;
angelehnt an Kirsch et al, Unternehmensführung, 2009, S. 33

Im allgemeinen betrachten es die Verantwortlichen der Internen Kommunikation als geboten, in regelmäßiger Interaktion mit den Mitgliedern der dominierenden Koalition zu stehen, weil diese die Unternehmensentscheidungen und die daraus resultierenden Handlungen verantworten. Diese Entscheidungen und Handlungen zugänglich zu machen sowie vor allem die Konsequenzen für die Mitarbeiter zu erläutern, und zwar möglichst ungefiltert durch hierarchische Strukturen, sieht die Interne Kommunikation als ihre Aufgabe an.

Aber auch schon in den traditionell aufgestellten Unternehmen muss die dominierende Koalition nicht zwangsläufig alleine durch die definierten formalen Strukturen und ihre Organe wie »Vorstand« oder »Aufsichtsrat« bestimmt werden. Dies ist zwar eine wichtige und unmittelbar beobachtbare Einflussgröße, aber nicht die einzige. So können auch hierarchisch niedriger stehende Mitglieder des Unternehmens in Schlüsselpositionen zur dominierenden Koalition zählen oder ein wichtiger Kunde, Vertreter von Banken oder Großaktionäre. Hinzu kommen in europäischen, vor allem in deutschen Unternehmen die Einflussgrößen, die aus den Mitbestimmungsgesetzen resultieren. Die Interne Kommunikation muss also die internen formalen wie informellen Strukturen vollständig durchschauen, will sie aus der Nähe zu dem Machtzentrum beziehungsweise den Machtzentren einen Vorteil ziehen.

Das ist in Unternehmen mit eher homogenen Strukturen und einer stabilen wirtschaftlichen, technologischen oder sozio-kulturellen Umwelt (letztere etwa durch eine nur gering ausgeprägte Internationalisierung) leichter zu realisieren als in komplexen, heterogenen Unternehmen mit sich schnell weiterentwickelnden Märkten und schwer beherrschbaren Technologien. Denn hier ist die dominierende Koalition häufig recht groß, so heterogen wie ihr Unternehmen und zudem ähnlich wie in der Politik in miteinander konkurrierende Fraktionen unterteilt, was eine Koordination der Meinungen gegenüber allen Anspruchsgruppen, in unserem Fall vor allem gegenüber den Mitarbeitern, sehr erschwert. In diesem Sinne sind die sogenannten internen Abstimmungsprozesse schon als legendär zu bezeichnen.

Anbindung der Internen Unternehmenskommunikation an das Machtzentrum

So gesehen ist das Streben der Internen Kommunikation, sich bei der offensichtlichen dominierenden Koalition auf Augehöhe zu positionieren, nachvollziehbar. Konkret heißt das in der überwiegenden Anzahl der Fälle die Anbindung an den Vorstandsvorsitzenden beziehungsweise die Geschäftsführung. Doch dorthin sollte der Aufmerksamkeitsfokus der Interne Kommunikation nicht allzu starr ausgerichtet sein. Denn in zunehmendem Maße fluktuieren Unternehmensstrukturen kontinuierlich und versetzt die Organisation auf diese Weise in einen andauernden Zustand der Veränderung. Das hat wiederum unmittelbar Einfluss auf die Art der Unternehmensführung und damit auch auf die Gestaltung der Machtzentren. Mit signifikanten Konsequenzen für die Interne Kommunikation.

Denn, wie gesagt, schon in den traditionellen Strukturen mit klar hierarchischer Ausrichtung auf eine einzige Führungsspitze ist die tatsächliche Führung nicht mehr zwangsläufig dem oder der Vorstandsvorsitzenden vorbehalten. Das gilt umso mehr für (große) Unternehmen, die ausgeprägt konzernartig aufgestellt sind, womöglich mit einer Holding-Struktur, die die Organisation eher als Zusammenführung von mehr oder weniger eigenständigen, aber gemeinsamen Zielen verpflichteten Unternehmensteilen führt. Und diese Form der Unternehmen, die Kirsch et al (2009) als polyzentrische Systeme bezeichnen, nimmt augenscheinlich zu. In Zeiten, in denen Wachstum häufig durch Zukäufe, Joint Ventures oder strategische Allianzen herbeigeführt wird, muss man davon ausgehen, dass die unternehmenspolitischen Strukturen ebenso heterogen, multinational und in vielfältiger Weise miteinander multisystemisch verbunden sind und ebenso wie die Strukturen selbst schnell fluktuieren können.

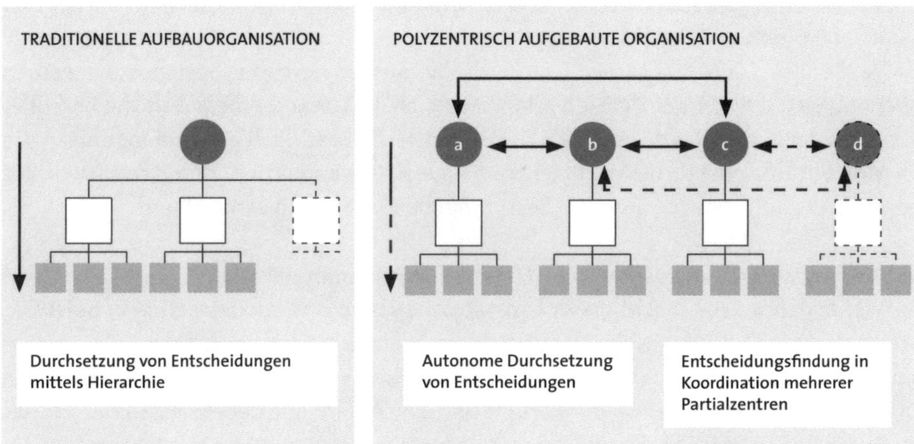

Abbildung 7: Entscheidungsfindung und -gestaltung in polyzentrisch organisierten Unternehmen

Über Dezentralität und Diversifikation zu machtvollen autonomen Teilbereichen

Offenbar als Reaktion auf die zunehmende Komplexität und die in weiten Teilen Verselbständigung einzelner Unternehmensbereiche ist aktuell aber noch eher eine Rückführung von ausgewiesenen, eigentlich dezentralen Prozessen, darunter offenbar vielerorts die Unternehmenskommunikation, in eine zentrale Struktur zu beobachten. So findet man Formen der Zentralisierung als Antwort auf zunehmende Unübersichtlichkeit und schwere Steuerbarkeit selbstgeschaffener Strukturen, die aber nicht vergleichbar sind mit der Zentralisation früherer Zeiten. Denn in der Folge weiter bestehender grundsätzlicher Dezentralität und forcierter Diversifikationsstrategien in mehr und mehr multinationalen Umwelten sind die Unternehmen zunehmend gekennzeichnet durch mehrere mehr oder weniger autonome Teilbereiche mit Entscheidungs- und Durchsetzungsmacht. Es wird sich herausstellen, ob die derzeit zu beobachtende Tendenz, für das Gesamtunternehmen wichtige Prozesse wie etwa die Kommunikationsaufgaben in einem Hierarchie orientierten Ansatz traditioneller Unternehmen zentral steuern zu wollen, langfristig Früchte trägt. Wahrscheinlicher erscheint es, dass es in Zukunft mehrere unterschiedliche machtvolle Einflüsse auf Entscheidungen und Handlungen eines Unternehmens geben wird, die zudem immer variabler werden, weil Umstrukturierungsprozesse an der Tagesordnung sind. So wird es vermutlich dazu kommen, dass die Organisationsentwicklung mit allen ihren Facetten wie etwa auch Wertesysteme, Normen oder Unternehmenskultur und damit auch Führungssysteme von verschiedenen Machtzentren geprägt werden wird, und das über nationale Grenzen hinweg.

Für die Kommunikationsarbeit bleiben die definierten Aufgaben bestehen, sie werden aber ungleich schwieriger zu lösen sein. Wenn sich die Unternehmenswelt wie beschrieben entwickelt, wird das derzeit noch zu beobachtende Bestreben, eine Anbindung an das im Moment offensichtliche Machtzentrum zu erzielen, kaum zielführend sein, denn die gesamte Organisation, auch die sie bestimmende Macht, wird variabel sein.

Vernetzung als Aufgabe der Internen Unternehmenskommunikation

Auf der anderen Seite macht dieser Umstand die Kommunikationsarbeit aber auch erst recht unentbehrlich. Denn wenn alles variabel ist, wenn Umstrukturierungen, Zukäufe, Verkäufe die Unternehmensgrenzen verschwimmen lassen, wenn die pure Größe einer solchen Organisation zur Unübersichtlichkeit führt und eine Anbindung der einzelnen Mitarbeiter an das große Ganze schier unmöglich erscheinen lässt, benötigt die Unternehmensführung die Interne Kommunikation, um die Vernetzung aller Unternehmensmitglieder herstellen zu können. Anscheinend wird dieser Bedarf von vielen Unternehmensleitungen schon jetzt erkannt, wenn sie darauf auch zunächst einmal mit Zentralisierung antworten. Die Veränderung auch dieser Strukturen ist absehbar.

Für die Aufgabe der Internen Kommunikation ist das aber auch nicht wesentlich. Wesentlich ist, dass sie eine Vernetzung herstellen kann, gleichgültig, welche Strukturen zugrunde liegen. Ob in einer grundsätzlich zentralen Organisationsstruktur mit variierenden mehr oder weniger dezentralen Einheiten, wie wir es heute vielfach beobachten können, oder in einem multisystemisch organisierten Unternehmen mit zahlreichen, variierenden, weitreichend autonomen Teilbereichen – die Unternehmensmitglieder müssen zum Zweck der Kooperation und der Verständigung auf grundsätzliche gemeinsame Ziele miteinander vernetzt werden. Die Interne Kommunikation muss also einen beständigen Dialog ermöglichen, Interaktionsmöglichkeiten auf vertikal und horizontal wirksamen Plattformen schaffen, welche Unternehmensrealität erlebbar und dadurch verständlich machen. Sie muss ihren bisherigen Anspruch aufgeben, im Sinne der Unternehmensleitung pädagogisch orientiert Unternehmenszusammenhänge erläutern und erklären zu wollen, was ihr mit zunehmender Komplexität der Unternehmen sowieso nicht mehr möglich sein wird. Stattdessen muss sie Kommunikationsereignisse schaffen und darüber berichten. Dadurch wird eine Vernetzung gefördert.

Noch ist es in der Mehrzahl der Unternehmen so organisiert, dass diese Prozesse weitgehend top-down von der Unternehmensspitze an die Mitarbeiter und bestenfalls zurück aufgestellt werden. Darum ist es aus Sicht der aktuellen Internen Kommunikation auch so wichtig, beim Vorstand beziehungsweise der Geschäftsführung angebunden zu sein. Doch fluktuierende Strukturen und Nebensysteme in Form etwa differierender Unternehmenskulturen oder unterschiedlicher unternehmenspolitischer Ansichten (zum Beispiel in Folge einer Akquise) nehmen zu, und es wird immer schwieriger werden, die Teile mit dem Ganzen zu verbinden, weil die verschiedenen Systeme in ihrem Selbstverständnis nicht identisch sind.

Früher konnte man die durch Zukäufe, Fusionen oder ähnliche Transaktionen hinzugewonnenen Unternehmensteile noch in das Hauptsystem der »Mutter« integrieren, weil man Jahre dazu Zeit hatte. Und in großen Konzernen waren bei genauem Hinsehen auch nach Jahrzehnten noch signifikante Rudimente der ursprünglichen Unternehmenskulturen in den Bereichen erkennbar. Aber es gab aufgrund der Machtverhältnisse im Hinblick auf Entscheidungen und Handlungen ein grundsätzliches Verständnis der Unternehmenspolitik im Hinblick auf Ziele, Strategien, Zusammenarbeit und Führung. Heute überdauern Unternehmensverbindungen aber häufig nicht die Zeit, die eine vollkommene Integration benötigen würde.

Darum funktioniert das überkommene »Wir-Gefühl« auch in vielen Fällen nicht mehr, und die Unternehmensleitungen sollten genau darüber nachdenken, ob sie es immer noch beschören wollen. *(vgl. »Der Abschied vom traditionellen Wir-Gefühl«, s. 26)*

Nutzen stiften für die Anspruchsgruppe Mitarbeiter

Was bedeutet das nun für die Interne Unternehmenskommunikation? Will sie zeitgemäß oder gar vorausschauend sein, muss sie die Unternehmensstrategie und ihre im wesentlichen marktorientierten, aber auch gesellschaftsorientierten Veränderungen im Hinblick auf ihre eigene Kommunikationsstrategie und ihre Handlungen stets im Blick haben. Ein Kommunikationsmanager denkt dabei von außen nach innen und sorgt dafür, dass die Mitarbeiter verstehen, wofür das Unternehmen steht und wohin der Weg führt. Als höchsten Erfolg betrachtet er nicht die journalistisch verbesserte Mitarbeiterzeitschrift, ein auf dem neusten Technologiestand arbeitendes Intranet oder ein ganz neues Instrument für die Mitarbeiterinformation. Erfolg ist für einen Kommunikationsmanager gekennzeichnet durch sein konsequentes Wirken für den Gesamterfolg des Geschäftes, das Generieren von Mehrwert durch die Teilhabe am Wertschöpfungsprozess des Unternehmens. Diese Teilhabe definiert sich durch die Lösung von Kommunikationsaufgaben zugunsten der Anspruchsgruppe »Mitarbeiter« (inklusive Führungskräfte) im Sinne der Nutzenstiftung für diese Anspruchsgruppe.

Nutzen meint, dass die Anspruchsgruppe

- Orientierung und Ausrichtung finden kann in einer komplexen, sich laufend verändernden Unternehmenswelt,
- eine Gesamtvorstellung der Unternehmensaktivitäten erhält,
- selbst Verbindung zu diesem Ganzen herstellen kann,
- das Gefühl hat, ein organischer Teil dieses Ganzen zu sein.

Schafft die Interne Kommunikation es in Kombination mit der Anforderung der Unternehmensleitung, durch die genannte Nutzenstiftung für die Mitarbeiter die Steuerung des Unternehmens zu erleichtern, dann ist die Leistung der Internen Kommunikation Wert schöpfend.

STIFTUNG VON NUTZEN FÜR MITARBEITER UND FÜHRUNGSKRÄFTE	
Interne Unternehmenskommunikation	• Orientierung und Ausrichtung
	• Gesamtvorstellung des Unternehmens
	• Verbindung zum Ganzen
	• Organischer Teil des Ganzen

Abbildung 8: Generieren von Mehrwert

Der Abschied vom traditionellen Wir-Gefühl

Das Erhalten von Produktivität, geschweige denn ihre Steigerung, ist angesichts der unmittelbaren Erfahrung, dass Ertrag keine Garantie für Bestand ist, durch die Beschwörung eines überkommenen Wir-Gefühls wohl kaum noch herbeizuführen.

Das Wir-Gefühl früherer florierender Zeiten vermittelte eine Zusammengehörigkeit aller Firmenmitglieder in Abgrenzung zu den meist heimischen Branchennachbarn. Seine

Gestaltung sollte die Zufriedenheit erhöhen und somit die Leistungsfähigkeit steigern sowie letzten Endes die Bindung der Mitarbeiter an das Unternehmen sichern. Die Hauptziele der mit dieser Gestaltung befassten internen Kommunikation konzentrierten sich dabei vor allem auf die Vermittlung der Unternehmensziele, dem Begegnen von Gerüchten und die Lieferung von (meist oberflächlichen) Hintergründen zu Entscheidungen, verbunden mit dem Werben um Verständnis und Vertrauen.

Mittel und Handlungen zur Motivation und Identifikation, die Förderung eines guten Betriebsklimas galten als übliche Leistungen des Unternehmens. Die Mitarbeiter wollten und sollten sich an ihrem, in der Regel auf lange Jahre hin gesicherten Arbeitsplatz wohl fühlen, wollten und sollten sich emotional zurücklehnen können und sich vom Unternehmen umhegt fühlen. Leitlinien und Führungsgrundsätze vermittelten ein kollektives Existieren und Handeln. Top-Management, Führungskräfte und Mitarbeiter bildeten eine große Familie und gingen gemeinsam durch dick und dünn.

Die Identifikation mit dem Unternehmen basierte auf Erfolg und Sicherheit, getragen durch tradierte Werte und Normen sowie eine langjährige gemeinsame Vergangenheit. Sie wurde liebevoll gepflegt durch das Herstellen eines Gefühls des Miteinander, das einen, ganz bewusst auch emotionalen, Schulterschluss der Mitarbeiter mit der Leitung des Unternehmens suggerieren sollte. Dieses Wir-Gefühl hatte etwas Kuscheliges, ein fast wohliges Gefühl des Gemeinsamen, verbunden mit dem Bewusstsein identischer Interessen aller Beteiligten.

Natürlich entsprach dies auch in der umrissenen Form nur selten der vollen Wahrheit. Aber es reichte in der Regel aus, um bei den Mitarbeitern Vertrauen in die Handlungen des Managements zu schaffen und zu erhalten. Die konjunkturellen Tatsachen sprachen ja für sich.

Bindung an das Unternehmen durch Gemeinschaftssinn

Heute haben Zusammengehörigkeit und Identifikation nur noch wenig mit Nähe, Geborgenheit und langfristig kalkulierbarer Verlässlichkeit zu tun. Die wenigsten Unternehmen können noch als Familien betrachtet werden, in denen alle gemeinsam durch dick und dünn gehen. Wurde früher noch glaubwürdig das Gefühl vermittelt, dass alle in einem Boot sitzen, gehen heute zuviele bei stürmischer See über Bord, um sich noch glaubhaft als eingeschworene Sippschaft betrachten zu können.

In Zeiten, in denen Restrukturierungen und damit Unsicherheit an der Tagesordnung sind, muss jeder weitgehend selbständig für seine persönliche Zufriedenheit sorgen. Unternehmen agieren mittlerweile kaum noch als Familie, sondern vielmehr als soziale Großgruppen, in denen Menschen für einen bestimmten Zeitraum miteinander arbeiten, weil sie, aus durchaus unterschiedlichen Interessen, von diesem Zusammenschluss profitieren möchten. Schutz und Geborgenheit kann dieses soziale Gefüge nur noch in Ausnahmefällen bieten. Mitarbeiterzufriedenheit und damit ein bedeutender Anteil der Bindung an das Unternehmen wird letztlich davon abhängen, ob sich – quasi als einzige Form von Sicherheit – die individuelle Vorstellung vom Leben in einer Gesellschaft mit den Wertvorstellungen eines Unternehmens, genauer die Werteorientierung der Unternehmenslenker, im Umgang mit den Anspruchsgruppen vereinbaren lässt und wenn Perspektiven für den Einzelnen ersichtlich sind. So können Arbeitsgemeinschaften entstehen, die in fluktuierenden Organisationen durchaus von begrenzter Dauer miteinander kooperieren, aber in dieser Zeit über gemeinsame Ziele und Werte einen Gemeinschaftssinn entwickeln können.

Abbildung 9: Vom Wir-Gefühl zum Gemeinschaftssinn

Aufgabe der internen Kommunikation ist es dabei, die Wertvorstellungen transparent und erlebbar zu machen sowie die Zusammenarbeit im Unternehmen zu fördern und damit verbundene Perspektiven erkennbar zu machen. Eine Fokussierung auf gemeinsam für richtig befundene Werte, der wahrhaftige Umgang damit und eine darauf abhebende glaubwürdige Kommunikation ist wahrscheinlich der erfolgversprechendste Weg zu einer zeitgemäßen Mitarbeiterbindung. Das bedeutet aber auch, dass sich das Management über seine besondere Rolle in diesem Zusammenhang endgültig im Klaren sein muss: nämlich zum Einen erkennbar für bestimmte Werte zu stehen, das heißt in die Unternehmenskultur zu investieren, und zum Anderen Führung als Kommunikationsaufgabe zu verstehen.

Lesehinweise

Buchholz, Ulrike (2006): »Mitarbeiterbindung in Zeiten von Unsicherheit. Verständnis für Zusammengehörigkeit schaffen, statt Wir-Gefühl vergangener Zeiten beschwören«. In: »Kommunikationsmanagement«, hrsg. v. Günter Bentele, Manfred Piwinger, Gregor Schönborn; Neuwied [u.a.]: Luchterhand (Loseblattwerk, Lieferung 3.41). http://opus.bsz-bw.de/fhhv/frontdoor.php?source_opus=265&la=de (15.06.2010)

Dieser Artikel hinterfragt das Wir-Gefühl ein bisschen tiefer und beschreibt Ansatzpunkte für eine Wertschöpfung durch gemeinsame Werte.

Jäggi, Andreas und Egli, Viviane (Hrsg.) (2007): »Interne Kommunikation in der Praxis. Sieben Analysen, sieben Fallbeispiele, sieben Meinungen«. Zürich: Nzz Libro.

In vielen Einzelartikeln befasst sich dieses Buch mit dem grundsätzlichen Wertschöpfungsbeitrag der Internen Kommunikation und ihrer aktuellen Erscheinungsform in unterschiedlichen (Schweizer) Unternehmen. Dabei steht der Aspekt der Zusammenarbeit von Menschen im Unternehmen für eine erfolgreiche Unternehmensführung im Vordergrund. Ergänzt wird der Band durch Interviews mit Geschäftsführern, die erläutern, inwieweit sie die Interne Kommunikation als wirksames Führungsinstrument einsetzen.

Kirsch, Werner / Seidl, David / van Aaken, Dominik (2009): »Unternehmensführung. Eine evolutionäre Perspektive«. Stuttgart: Schäffer-Poeschel.

Im Gegensatz zu den meisten gängigen Werken über Theorie und Praxis der Unternehmensführung beschreibt dieses Buch nicht den klassischen Weg einer stringenten Entscheidungslogik, sondern entwickelt, insbesondere mit Blick auf die Bewältigung von Umbruchsituationen, ein evolutionär funktionierendes Managementsystem. Um einen realistischen Eindruck von der Unternehmensführung zu erhalten, die grundsätzlich von einer Offenheit der Zukunft ausgeht, müssen die Zusammenhänge innerhalb eines Unternehmens in ihrer ganzen Komplexität in Betracht gezogen werden. Dabei lassen sich vielfältige, wenn auch im Buch nicht explizit genannte, Anknüpfungsmöglichkeiten für eine zukunftsorientierte Kommunikationsarbeit identifizieren.

Möller, Klaus / Piwinger, Manfred / Zerfaß, Ansgar (Hrsg.) (2009): »Immaterielle Vermögenswerte. Bewertung, Berichterstattung und Kommunikation«. Stuttgart: Schäffer-Poeschel.

Das Buch führt den derzeitigen Diskussionsstand um das Einbringen immaterieller Vermögenswerte – die häufig durch Kommunikation generiert werden – in die Wertschöpfung ein, beschreibt Erfassungs- und Bewertungsmethoden und liefert Konzepte für die Kommunikationsarbeit. Besonders im ersten Teil wird die Bedeutung dieser Werte aus Sicht des Kommunikationsmanagements beleuchtet.

Kapitel 2
Interne Unternehmenskommunikation: Eine organisationstheoretische Begriffsbestimmung für die Praxis des Kommunikationsmanagements

In jeder Form von Organisation ist die Kommunikation untrennbar mit den Entscheidungen innerhalb dieser Organisation verbunden. Interne Kommunikation macht das Entstehen, den Wandel, aber auch die Auflösung von Organisationen überhaupt erst möglich. Interne Unternehmenskommunikation ist folglich aufs Engste mit der Unternehmensführung verbunden. Es geht darum, Entscheidungen von vornherein mitzugestalten und zwar mit dem Expertenkönnen und -wissen für die Gestaltungselemente und Wirkungsweisen von Kommunikation. Interne Unternehmenskommunikation bedeutet also, die organisationsinternen Strukturen und Prozesse mit den Strategien und Maßnahmen des Kommunikationsmanagements optimal aufzustellen, damit das Unternehmen seine materiellen und immateriellen Ziele besser erreichen kann. Andere Begriffe wie Internes Marketing, aber auch Mitarbeiterkommunikation, greifen kürzer und können diesen Anspruch als Wert schöpfende Managementfunktion nicht erheben.

Der Begriff der internen Kommunikation bezieht sich immer auf Organisationen. Organisationen werden hier verstanden als soziale Systeme, die sich in einem permanenten Prozess der gleichzeitigen Abgrenzung und Öffnung gegenüber ihrem Umfeld selbst definieren. Dabei ist es zunächst einmal gleichgültig, um welche Organisationsform es sich handelt. Als übergeordneter Begriff wird deshalb in der Literatur regelmäßig der Begriff der »Organisationskommunikation« verwendet. Unternehmen, Behörden, Parteien oder Netzwerke – die Organisationskommunikation erhebt den Anspruch, grundsätzliche Erkenntnisse für alle diese Formen zu liefern.

Typisch für Organisationen sind ihre Zweckbestimmung, ihre formellen und informellen Strukturen bzw. Regeln sowie die Rollenverteilung zwischen den Organisationsmitgliedern. Unternehmen sind insofern Organisationen mit spezifischen, nämlich Gewinn orientierten Zwecken sowie entsprechenden Strukturen und Rollen. Diese Elemente werden durch Kommunikation wahrnehmbar, instrumentalisiert und verändert. Kommunikation wird deshalb – insbesondere in der systemtheoretisch geprägten Sichtweise – auch als konstituierendes Element von Organisationen bezeichnet. Wenn wir infolgedessen von

»interner« Kommunikation sprechen, ist dieser Begriff in diesem Sinne ein »weißer Schimmel«. Trotzdem macht er klar, dass es bei interner Kommunikation um die Kommunikation geht, die das Entstehen, den Wandel, aber auch die Auflösung von Organisationen überhaupt erst möglich macht.

Hinzu kommt der hier anknüpfende Gedanke, dass Organisationen auf Entscheidungen, deren Entstehung und Umsetzung, aufbauen. Es sind dies Entscheidungen über Zwecke und Ziele, über Organisationsstrukturen wie Hierarchien oder Abläufe der Leistungserstellung, über formelle Regeln wie Verhaltenskodizes bis hin zu informellen Regeln wie die jahrzehntlang praktizierte Tischverteilung in der Kantine. Nicht zuletzt beziehen sich Entscheidungen auf die Aufgabenteilung in der Organisation, die damit verbundenen Anforderungen, Erwartungen oder Vorgaben. Diese Entscheidungen sind in Organisationen aus den eben genannten Gründen untrennbar mit Kommunikation verbunden. Oder anders gesagt: Eine Entscheidung ist nur existent weil sie kommuniziert wird.

Entscheidungen und damit Kommunikationsvorgänge beziehen sich auf der Zeitachse immer wieder aufeinander, sie sind dynamisch und verändern sich. Das heißt aber auch, dass Organisationen, die durch Kommunikation bzw. Entscheidungen konstituiert werden, ein Gedächtnis brauchen, um diesen ständigen internen Diskurs leisten zu können. Die Managementdiskussion über »lernende Unternehmen« hat hier ihre theoretischen Wurzeln. *(vgl. Kapitel 10.1)*

Entscheiden und kommunizieren ist also in dieser Betrachtung ein und derselbe Vorgang – eine Vorstellung, die unmittelbar hinführt zur Bedeutung von Kommunikation als Aufgabe der Unternehmensführung. Zu klären ist in diesem Zusammenhang für die Praxis jedoch die genaue Rolle der in die Unternehmenshierarchie eingefügten Managementfunktion »Interne Unternehmenskommunikation«. Diese Rolle ist zunächst einmal nicht identisch mit dem Kommunikationsbegriff, wie er für Organisationen entwickelt worden ist.

> *»Unter interner Kommunikation kann die Summe aller Prozesse* ***formeller, informeller*** *und* ***instrumenteller*** *Kommunikation innerhalb der Strukturen einer Organisation verstanden werden, die der Unterhaltung des Organisationsbetriebes dienen, diesen zwangsläufig begleiten oder an zentralen Stellen durch besondere kommunikative Maßnahmen einen als notwendig erachteten intervenierenden Einfluss auf diese Prozesse nehmen wollen.«*
>
> Szyszka, Peter (2007): Interne PR-Arbeit als Instrument der internen Kommunikation. In: prmagazin, 38. Jg. Nr. 7, S. 57

Wenn sämtliche Entscheidungen gleich zu setzen sind mit Kommunikation, dann kommunizieren alle Organisationsmitglieder ohne Ausnahme und zwar jeder in seiner Rolle, in den gefundenen Strukturen zu den definierten Zwecken. Was also ist dann die besondere Rolle der »Internen Unternehmenskommunikation«? Nach Szyszkas Definition ist sie vorrangig eine instrumentelle Organisationskommunikation, die im Dienst der Unternehmensführung eingesetzt wird. Doch dieser Ansatz lässt sich vor dem Hintergrund der oben genannten Überlegungen noch einmal erweitern.

Im Gegensatz zu allen anderen Unternehmensfunktionen bezieht sich die »Interne Unternehmenskommunikation« begrifflich direkt auf das für Organisationen konstituierende Element der Kommunikation. Sie übernimmt damit den hochwertigsten Begriff, den es in Organisationen geben kann und besetzt ihn für eine hierarchische Funktion, die unter den Bedingungen und Entscheidungen der Organisation arbeitet *(vgl. Kapitel 3)*. Das kommt einer Quadratur des Kreises gleich. Dennoch ist damit zugleich das Handlungsfeld der »Internen Unternehmenskommunikation« beschrieben, das eben nicht darin besteht, bereits getroffene Entscheidungen im Nachhinein zu verbreiten. Es geht vielmehr darum, Entscheidungen von vornherein mitzugestalten und zwar mit einem Expertenkönnen und -wissen für die Gestaltungselemente und Wirkungsweisen von Kommunikation.

Wissend dass die Unternehmenspraxis oft anders aussieht, macht diese theoretische Einordnung des Begriffes der internen Kommunikation jedoch klar, dass die entsprechende Managementfunktion auch in der Praxis mehr sein muss als nur eine nach gelagerte Dienstleistung für Managemententscheidungen, die von dafür vorgesehenen Personen oder Gremien bereits getroffen worden sind, um dann im Anschluss von der Kommunikationsabteilung kommuniziert zu werden. Auch als Managementfunktion hat die Interne Unternehmenskommunikation ihren Bezugspunkt in den Führungsentscheidungen, die ohne Kommunikation nichts sind. Ihre Aufgaben definieren sich leicht aus dem Umkehrschluss: Nur eine lernfähige Organisationskommunikation und eine gelernte Kommunikation können die Qualität von Entscheidungen verbessern. Deshalb ist die Vorstellung von der internen Kommunikation als »Instrument der Unternehmensführung« einerseits zutreffend, andererseits aber auch zu kurz gegriffen.

Interne Unternehmenskommunikation als Managementfunktion bezieht sich damit nicht nur auf kommunikative Handlungsfelder im engeren Sinne, also Identitäts- und Sinnstiftung z. B. durch Leitbilder, Botschaften oder kulturellen Elemente, sondern sie umfasst zugleich alle oben genannten Elemente von Organisationen, nämlich Zwecksetzung, Strukturen, Regeln (Normen) und Rollen. Ihre Funktion ist es dementsprechend nicht (nur), Entscheidungen der Unternehmensführung zu unterstützen, sondern sie überhaupt erst zu dem zu machen was sie sind, nämlich wirkungsvolle Entscheidungen in einer Organisation.

Was Interne Unternehmenskommunikation leisten muss:

- *Unternehmenszwecke und -ziele erklären*
- *Gemeinsame Ziele festlegen*
- *Identität stiften*
- *Sinn geben*
- *Strukturen erklären*
- *Aufgaben differenzieren*
- *Regeln aufstellen und sanktionieren*
- *Individuen und Teile integrieren*
- *Lernen ermöglichen*
- *Zum Handeln motivieren*

In Anbetracht dieser organisationstheoretischen Einordnung und Aufgabendefinition wird auch klar, dass in der Praxis häufig parallel verwendete Begriffe wie Internes Marketing, Interne PR, Innerbetriebliche Kommunikation oder auch Mitarbeiterkommunikation den Kern der Sache nicht treffen. Interne Unternehmenskommunikation bedeutet, die organisationsinternen Strukturen und Prozesse mit den Strategien und Maßnahmen des Kommunikationsmanagements optimal aufzustellen, damit das Unternehmen seine materiellen und immateriellen Ziele besser erreichen kann. In gewinnorientierten Unternehmen geht dies nur über den Hebel der Produktivität, auf deren Erhalt oder Verbesserung die Interne Unternehmenskommunikation ausgerichtet ist.

Definition der Internen Unternehmenskommunikation

Mit Interner Unternehmenskommunikation werden alle internen horizontalen und vertikalen Prozesse organisierter Kommunikation bezeichnet, die durch Einwirken auf Wissen, Einstellungen und Verhalten der Mitglieder eines Unternehmens Entscheidungen ermöglichen, Akzeptanz für diese Entscheidungen und daraus resultierende Handlungen herbeiführen sowie Vertrauen in die Führungspersonen schaffen, um so durch den Erhalt oder die Verbesserung der Produktivität die materiellen und immateriellen Unternehmensziele zu erreichen.

Lesehinweise:

Einwiller, Sabine / Klöfer, Franz / Nies, Ulrich: »Mitarbeiterkommunikation«. In: Meckel, Miriam und Schmid, Beat F. (Hrsg.) (2008): »Unternehmenskommunikation. Kommunikationsmanagement aus Sicht der Unternehmensführung«. Wiesbaden: Gabler, S. 217-256.
Nach wie vor eine gute Einführung mit dem Grundgerüst der internen Kommunikation, auch wenn der Fokus auf der Mitarbeiterkommunikation liegt.

Theis-Berglmair, Anna Maria (2003): »Organisationskommunikation. Theoretische Grundlagen und empirische Forschungen«. Münster/Hamburg/London.
Nicht immer leicht zu lesen, aber das Basiswissen zur Organisationskommunikation!

Weik, E. und Lang, R. (Hrsg.) (2005). »Moderne Organisationstheorien 1: Handlungsorientierte Ansätze«. Betriebswirtschaftlicher Verlag Gabler.
Auch dieses ein Klassiker, auch zum Nachschlagen und selektivem Lesen geeignet.

Kapitel 3
Interne Unternehmenskommunkation organisieren: Machtpolitik in komplexen Strukturen

Die unternehmensinternen Strukturen und Prozesse müssen beides, einerseits eine konsistente interne Kommunikation möglich machen, andererseits aber zugleich Räume für Dialoge und Lernimpulse öffnen. Dies ist ein Kampf gegen Hierarchien und rivalisierende Zuständigkeitsbereiche, um den man aber selten herum kommt. Die Organisationseinheit »Interne Unternehmenskommunikation« muss sich deshalb selbst Regeln und Prozesse zueigen machen und sie aktiv einsetzen, um ihre Ziele überhaupt erreichen zu können. Sie sollte in der Hierarchie so angesiedelt sein, dass ihr der Zugang zur Unternehmensleitung möglichst direkt offen steht. Sie sollte in der Abteilung Unternehmenskommunikation verortet sein und selbst die benachbarten Funktionen in ihre Arbeit aktiv mit einbeziehen. Gerade in großen, internationalen Unternehmen geht es um einen mehrfachen Spagat, den zwischen Zentralität und Dezentralität, zwischen Linienkompetenz und Delegation, zwischen Zuständigkeit und Zusammenarbeit.

Interne Unternehmensorganisation zu organisieren heißt zunächst einmal ganz allgemein Regeln zu schaffen und immer wieder zu bestätigen oder zu erneuern, mit denen die interne Kommunikation ihre Aufgaben effektiv und effizient erfüllen kann. Zwei Organisationsziele stehen dabei im Vordergrund:

1. Zum einen geht es um die formalen Strukturen und Prozesse, mit denen die interne Kommunikation sich als Managementfunktion im Unternehmen organisiert. Fragen der Aufgabendefinition, der Aufbauorganisation sowie der geregelten Abläufe sind hier zu beantworten. In komplexeren Unternehmensstrukturen, insbesondere in Unternehmensgruppen oder Konzernen, geht es dabei zugleich darum, die Balance zwischen Zentralität und Dezentralität zu finden.
2. Zum anderen geht es um die Einbindung und Motivation der für interne Kommunikation Verantwortlichen in diese formalen Strukturen und Prozesse. Diese Organisationsaufgabe ist gerade für die interne Kommunikation von besonderer Relevanz, weil sie sich zum einen an den eigenen professionellen Ansprüchen messen lassen muss, zum anderen in besonderer Weise darauf angewiesen ist, dass alle Kommunikationsverantwortlichen – von der Vorstandsetage über die zweite

Ebene der Führungskräfte bis hin zu »einfachen« Projektleitern – mehr leisten als nur die formale Regelerfüllung, den berühmten »Dienst nach Vorschrift«.

Strukturen für die Interne Unternehmenskommunikation

Vor den Strukturen sind formal die Aufgaben zu bestimmen, die von der Internen Kommunikation als Teil des Managements erfüllt werden sollen. Dies kann der Einfachheit halber dadurch geschehen, dass – angelehnt an die klassische Konzeptionslehre – als Aufgaben die Analyse, Strategische Planung, Operative Umsetzung und die Steuerung der internen Kommunikation definiert werden.

Noch näher an der genannten Organisationsgestaltung ist jedoch eine Aufgabenbestimmung, die von einem kontinuierlichen Lernprozess im Unternehmen ausgeht. Dann ergeben sich die folgenden formalisierten Aufgaben:

- Expertise zu Erkenntnissen und Erfahrungen der internen Unternehmenskommunikation aus externen und internen Quellen kontinuierlich sammeln, auswerten und organisationsweit in Form von Konzepten und Regeln bereitstellen;
- Führungskräfte bei ihren Kommunikationsaufgaben umfassend unterstützen;
- Effektive und effiziente Erledigung von operativen Aufgaben und Services sicherstellen.

Aus diesen generellen Aufgaben sind konkrete unternehmensspezifische Stellenbeschreibungen zu entwickeln. Solche Stellenbeschreibungen einschließlich der eindeutigen Beschreibung der Berichtswege sind eine Selbstverständlichkeit in jeder Organisation, leider nicht immer für die Stellen in der internen Kommunikation. Stellenbeschreibungen sind jedoch zwingend erforderlich, um daraus die Kompetenzprofile für die externe und interne Rekrutierung für Positionen der internen Kommunikation abzuleiten. Nur wenn die Funktion »Interne Unternehmenskommunikation« hinreichend beschrieben ist, lassen sich geeignete Personen dafür finden.

Organisation in Stab und Linie

Für die Interne Unternehmenskommunikation in der Aufbauorganisation von Unternehmen stehen grundsätzlich zwei Möglichkeiten zur Verfügung:

1. Organisation in einer Stabsstelle, möglicherweise zusammen mit weiteren Funktionen oder
2. Organisation in einer Linienabteilung.

So einfach diese Unterscheidung ist, so unterschiedlich sind die jeweiligen Ausgestaltungen in der Praxis. Sie reichen – abhängig von Unternehmensgröße und Ressourcen – vom Pressesprecher, für den die interne Kommunikation mangels personeller und finanzieller

Ressourcen notgedrungen nur ein Anhängsel ist, über die Funktion »Interne Kommunikation« als Teil der Marketingabteilung bis hin zur voll integrierten Abteilung »Unternehmenskommunikation«. Als Faustregel gilt dabei die Feststellung, dass in kleinen und mittleren Unternehmen die Organisation als Stabstelle, in größeren die Organisation in einer Linienabteilung der Vorzug zu geben ist.

Noch wichtiger ist es allerdings, die Funktion »Interne Unternehmenskommunikation« überhaupt explizit in der Aufbauorganisation zu benennen. Das gilt auch und gerade dann, wenn in der Organisationseinheit mehrere Funktionen der Kommunikation oder anderer Bereiche zusammengeführt sind. Eine solche Organisationseinheit, die wenigstens teilweise mit »Interner Kommunikation« bezeichnet ist, braucht darüber hinaus die direkte Linie zur ersten Führungsebene. Eine organisatorische Verbindung mit der externen Kommunikation ist ebenfalls zwingend, andere Linien etwa zum Personal- oder Marketingbereich sind für die Aufbauorganisation zunächst einmal zweitrangig.

In der Praxis großer Unternehmen bilden sich noch weitere Formen der Aufbauorganisation heraus, so zum Beispiel eine Funktionseinheit »Mitarbeiterkommunikation«, die als eine gemeinsame Einheit der Kommunikations- und der Personalabteilung konstruiert ist. Sie berichtet dementsprechend an beide »Mutterabteilungen«. Bei allen Schwierigkeiten, die mit solchen Mehrlinienorganisationen verbunden sind, so ist dieses doch ein interessanter Versuch, die Mitarbeiterkommunikation als die größte Schnittmenge zwischen Personal- und Kommunikationsabteilung effektiv zu ordnen.

Beide Formen – Stab und Linie – haben die Herausforderung zu lösen, dass sie in der Regel keine direkten Weisungsbefugnisse innerhalb des Unternehmens haben. Für Stabsfunktionen ist dies in der Regel eindeutig. Aber auch Linienabteilungen haben weder in der horizontalen Ebene gegenüber anderen Abteilungen noch im Verhältnis zu dezentralen Einheiten wie z. B. Unternehmensbereichen oder Konzerngesellschaften notwendigerweise hierarchisch begründete Durchgriffsrechte.

Matrixorganisation in polyzentrischen Unternehmen

Gerade in polyzentrisch organisierten internationalen Gruppen, die durch eine hohe Autonomie und damit in der Regel eine andere kulturelle Ausrichtung der Tochtergesellschaften gekennzeichnet sind, kann dies zu erheblichen Schwierigkeiten führen *(vgl. Kapitel 1)*. Denn die Verantwortlichen für die interne Kommunikation in den dezentralen Einheiten berichten in der Regel im Rahmen einer Matrixorganisation zwar fachlich an die entsprechende Einheit in der Unternehmenszentrale, aber in der direkten Linie stehen sie zu ihrem jeweiligen Geschäftsführer oder Bereichsleiter in der Tochtergesellschaft bzw. dezentralen Einheit. Umso wichtiger wird in solchen Organisationen eine saubere Delegation, die die Freiräume, in denen die dezentrale Einheit eigenverantwortlich agiert, präzise beschreibt bzw. begrenzt und Kommunikationsregeln mit den zentralen Botschaften und Inhalte vorgeben.

Organisations- und Kommunikationsregeln aufstellen

Wie übrigens andere Managementfunktionen auch braucht die interne Kommunikation deshalb jenseits der Aufbauorganisation noch weitere formalisierte Strukturen, nämlich einerseits Organisationsregeln und Richtlinien, andererseits Abstimmungsrunden und Koordinierungsgremien. Sie erhalten ihre Verbindlichkeit durch entsprechende Vorstands- oder Geschäftsführungsbeschlüsse. Letztere sind in der Organisationsgestaltung wichtig, weil sie Organisationsprozesse in alle Richtungen, also von oben nach unten, von unten nach oben sowie horizontal ermöglichen können. Die Verantwortlichen für die »Interne Kommunikation« können und sollten solche Organisationsregeln sowie Gremien oder Koordinationsrunden offensiv einsetzen. Die Gefahr, zu stark zu regulieren, ist zwar latent immer vorhanden, jedoch sollten Organisationseinheiten, die mit ihrer hierarchischen Verankerung und ihrer Autorität im Unternehmen kämpfen müssen, hier nicht zu zurückhaltend sein. Das gilt auch für die »Interne Unternehmenskommunikation«. Klassische Unternehmensfunktionen haben solche Hemmungen erfahrungsgemäß eher selten.

Oft noch wichtiger ist in der Praxis aber die Integration der Internen Unternehmenskommunikation in regelmäßige Managementsitzungen, Strategieklausuren oder Führungskräftetreffen des Unternehmens. Ist diese Einbeziehung in die »normalen« Managementprozesse schon bei dem Leiter der externen Kommunikation keine Selbstverständlichkeit, so bleibt die Vertretung in internen Gremien für den oder die Verantwortliche der »Internen Kommunikation« oft ein schier unüberwindliches Hindernis. Der Kampf mit und gegen die »dominierende Koalition« der einflussreichen Meinungsführer in Unternehmen *(vgl. Kapitel 1)* kann nach wie vor viel Kraft kosten. Nicht jeder sieht das Paradox: Die Manager, die für die Interne Unternehmenskommunikation verantwortlich zeichnen, sind bei den internen Sitzungen nur selten (direkt) vertreten. Als Ausweg bleibt oft nur, sich soweit wie möglich für Strategien oder Projekte die förmliche Rückendeckung der Geschäftsführung oder des Vorstandes zu holen, ohne die die Organisationseinheit »Interne Unternehmenskommunikation« in hierarchischen Organisationen selbst bei vorgeblich informellen »Meetings« kaum auftauchen wird.

Integrierte Unternehmenskommunikation

Letztlich ist die interne Kommunikation wesentlicher Bestandteil einer integrierten Unternehmenskommunikation, die als Prozessorganisation einerseits zentrale Organisations- und Kommunikationsregeln vorgibt, um andererseits an dezentrale Einheiten delegieren zu können. Es ist nicht zuletzt die Idee, es mit internen Anspruchsgruppen zu tun zuhaben, die dazu führt, dass die organisatorische Gestaltung der Internen Unternehmenskommunikation beides sicherstellen muss: Einerseits sollen die definierten Zielgruppen alles wissen, was sie aus Sicht der Unternehmensführung wissen sollen, andererseits soll sich aber auch die Führung darüber im Klaren sein, was die Zielgruppen tatsächlich wissen wollen.

Auch bei der Internen Kommunikation geht es als Teil der Integrierten Unternehmenskommunikation nicht nur darum, möglichst konsistente Botschaften aus Sicht der Unternehmensführung an die internen Zielgruppen auszusenden. Wer davon ausgeht, dass die Frage, ob eine Kommunikation tatsächlich als integriert wahrgenommen und damit als überzeugend und glaubwürdig betrachtet wird, letztlich »im Kopf« der Mitarbeiter beantwortet wird, der wird Interne Kommunikation immer als die Organisation von Dialogprozessen auffassen, in denen die Antworten der Unternehmensführung an die internen Zielgruppen letztlich erst geformt werden. Die Aufgabe, in diesem Sinne geeignete Prozesse im Unternehmen zu definieren, wird im Vergleich zur Aufbauorganisation häufig noch vernachlässigt. Sie ist aber unbedingt erforderlich, wenn sich die »Interne Unternehmenskommunikation« effektiv organisieren will.

Beides sicherzustellen – Konsistenz einerseits, Offenheit andererseits – verlangt organisatorisch die richtige Balance zwischen Zentralität und Dezentralität, zwischen Differenzierung bis hin zu internem Wettbewerb einerseits und Integration bis hin zur geschlossenen Einwegkommunikation andererseits. Wichtig ist, dass keine dieser Formen per se besser oder schlechter ist, sie muss vor allem der jeweiligen Unternehmenssituation angemessen sein. Management ist das Feststellen von Differenzen zwischen Soll- und Ist-Zuständen – das gilt auch für die organisatorische Gestaltung der Internen Kommunikation.

Aktivieren der Kommunikationsverantwortlichen

Diese letztgenannte Überlegung führt direkt in den Bereich des zweiten Organisationsziels, nämlich die aktive und aktivierende Einbindung von Menschen in die Organisation. Aus der Organisationstheorie ist bekannt, dass es die informellen, selbständigen, eigenverantwortlichen Organisationsmodelle sind, die motivationsfördernd wirken. Sie sorgen dafür, dass Themen bekannt und als Thema der internen Kommunikation oft überhaupt erst identifiziert werden können. Die Organisationseinheit »Internen Kommunikation« steht hier besonders im Fokus der internen Öffentlichkeiten, weil sie per se den Anspruch erhebt, eine solche Motivationsförderung für das gesamte Unternehmen mit zu betreiben. Ob sie es will oder nicht – damit kommt ihr in der eigenen Organisation eine Vorbildfunktion zu. Das gilt übrigens auch in Bezug auf die Kommunikation der eigenen Strukturen, Prozesse, Verantwortlichkeiten und Tätigkeiten. Regeln sind keine Regeln, wenn man sie nicht (intern) kommuniziert.

Aktives bereichsübergreifendes Arbeiten

Sach- und Koordinierungsaufgaben an Gruppen oder Teams zu delegieren ist – wie oben bereits festgestellt – nach wie vor eines der effektivsten Organisationskonzepte. Auf diese Weise lassen sich sowohl die vertikale als auch die horizontale, ressort- und abteilungsübergreifende Organisation sicherstellen. Auch hier kommt es für die Organisation entscheidend darauf an, diese Vorteile einer starken Differenzierung zu nutzen, andererseits aber sicherzustellen, dass das Wissen der Gruppen auch wieder in die Gesamtorganisation oder übergeordnete Einheit integriert wird.

Während Arbeits- und Projektgruppen in der Regel zur Bearbeitung von bestimmten Themen oder zeitliche begrenzten Aufgaben eingesetzt und dann auch wieder abgesetzt werden, liegt der Fall bei solchen Themen und Aufgaben anders, die grundsätzlich im Schnittfeld von getrennten Organisationseinheiten liegen. Dass sich Verantwortungsbereiche oder Zuständigkeiten nicht sauber trennen lassen, von diesem Organisationsproblem ist die Abteilung Interne Unternehmenskommunikation besonders stark betroffen. Schlimmstenfalls entwickeln sich solche Zuständigkeitsüberschneidungen zu einem Versuchsfeld für mikropolitische Strategien. Hier ist entweder die erwähnte Klärung über formale Regeln geboten oder aber ein aktives Schnittstellenmanagement mit den angrenzenden Unternehmensfunktionen, also ein aktive Zugehen auf benachbarte Abteilungen und ihr Einbeziehen in die Arbeit der internen Kommunikation. Ein gemeinsamer Jour-fixe oder das Bereitstellen eines redaktionellen Raumes in der Mitarbeiterzeitung wirken oft Wunder.

Letztlich muss sich auch die Organisation der Kommunikationsfunktion daran messen lassen, ob sie die Exzellenzziele des Qualitätsmanagements erreicht *(vgl. Kapitel 9)*. Interne Unternehmenskommunikation so zu organisieren, dass sie möglichst effektiv und effizient operieren kann, ist selbst ein kontinuierlicher Prozess, der einen erheblichen Einsatz von Ressourcen verlangt.

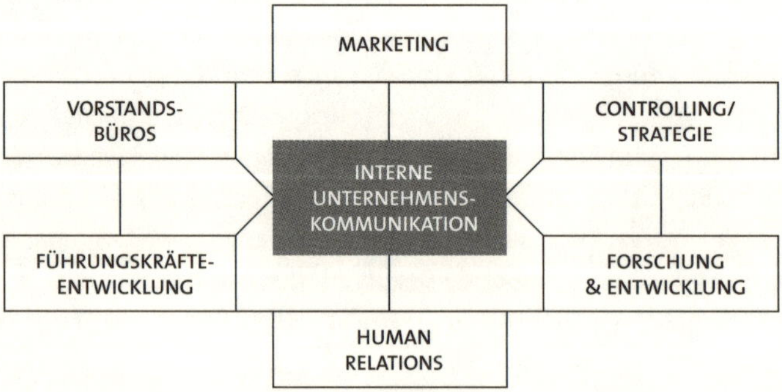

Abbildung 10: Schnittstellen in der Aufbauorganisation

Lesehinweise:

Grunig, Larissa A. / Grunig, James E. / Dozier, David: »Excellent Public Relations and Effective Organizations: A Study of Communication Management in Three Countries«. Mahwah, N.J./London: Erlbaum, 2002.

Die Fortsetzung der berühmten Exzellenzstudie, hier besonders zutreffend das Kapitel 7 »Organization of the Communication Function« p. 262-305

Kirchner, Karin (2001): »Integrierte Unternehmenskommunikation«. Wiesbaden: Westdeutscher Verlag.

Wer noch einmal den Klassiker zur integrierten Unternehmenskommunikation nachlesen will, sollte das hier tun. Die Idee, dass die Integration erst vollständig beim Publikum bzw. dem Kunden hergestellt wird, relativiert die Vorstellung, man könne konsistente Reputation schon allein dadurch erzielen, dass sämtliche kommunikative Aktivitäten koordiniert verlaufen.

Schick, Siegfried (2010): »Interne Unternehmenskommunikation«. 4., überarbeitete u. akt. Aufl., Stuttgart: Schäffer-Poeschel S. 86-79 sowie S. 198-206

Unternehmenskommunikation organisieren ist für den Autor im Wesentlichen gleichzusetzen mit Netzwerkmanagement.

Kapitel 4
Rechtliche Rahmenbedingungen: Kommunikationsrechte und -pflichten in Betrieb und Unternehmen

Wer die Interne Unternehmenskommunikation verantwortet, muss sich in einem dichten Netz von rechtlichen Regelungen zurechtfinden. Auf der betrieblichen Ebene gibt das Betriebsverfassungsgesetz Informations- und Kommunikationspflichten vor, die Umfang und Zeitpunkt von Maßnahmen der Internen Unternehmenskommunikation stark beeinflussen. So sind Betriebsversammlungen nach wie vor eines der wichtigsten Ereignisse der internen Unternehmenskommunikation, die wie andere gesetzlich vorgegebene Aktivitäten offensiv genutzt werden können. Betriebsräte werden damit einerseits zur Zielgruppe der Internen Unternehmenskommunikation, andererseits aber selbst auch zu eigenständigen Akteuren, denn sie verfügen über sämtliche Kommunikationskanäle. Zunehmende Bedeutung erlangt die interne Regelsetzung durch Betriebsvereinbarungen, die unmittelbar auf Kommunikationsvorgänge im Unternehmen wirken. Von der Mitarbeiterbefragung bis zur Nutzung von Social Media – alles wird häufig detailliert in Betriebsvereinbarungen geregelt. Die Interne Unternehmenskommunikation muss die Gestaltung und Umsetzung der »Verrechtlichung« in den Unternehmen begleiten, denn hier entstehen entweder erhebliche Chancen oder erhebliche Risiken für das Erreichen der Unternehmensziele.

Die Interne Unternehmenskommunikation gehört – ähnlich wie die Kapitalmarktkommunikation – zu den stark rechtlich geprägten Aufgabenfeldern der Unternehmenskommunikation. Neuere Gesetzgebungen wie zum Beispiel das Allgemeine Gleichstellungsgesetz (AGG) haben diesen Trend weiter verstärkt *(vgl. Kapitel 10.3)*. Unternehmensverfassung und Mitbestimmungsgesetze geben die rechtlichen Rahmenbedingungen für die Kommunikation in Unternehmen bzw. Unternehmensgruppen vor. Nach dem Leitbild der sozialen Marktwirtschaft treffen Arbeitgeber bzw. Eigentümer organisatorische und wirtschaftliche Entscheidungen im Unternehmen nicht unabhängig von den Interessen ihrer Belegschaft, sondern es wird vom Grundgedanken der vertrauensvollen Zusammenarbeit zwischen Arbeitgebern und Arbeitnehmern und ihrer jeweiligen Verbände ausgegangen.

Dies führt in Unternehmen – abhängig von der Mitarbeiterzahl – zur Unterscheidung von drei Ebenen der Mitbestimmung, nämlich der betrieblichen Ebene im engeren Sinne, der Mitbestimmungsebene in den Aufsichtsräten von Kapitalgesellschaften sowie der europäischen Ebene der Mitbestimmung in Unternehmen mit mehreren europäischen Standorten. Besonders bei internationalen Managern, die deutsche Unternehmen bzw. Konzernunternehmen führen, sorgt dieses besondere rechtliche und damit kommunikative Umfeld immer wieder für Irritationen, auch wenn Teile davon inzwischen Eingang in die entsprechenden Richtlinien der EU (z. B. zur Gründung von europäischen Aktiengesellschaften, kurz »SE«) gefunden haben.

Zu konstatieren ist als Ergebnis dieser »Verrechtlichung« ein enges Geflecht von wechselseitigen Informations- und Anhörungsrechten bzw. -pflichten sowie ein dichter Kalender von verbindlichen kommunikativen Maßnahmen, die entweder von der Unternehmensleitung oder den Arbeitnehmervertretungen ausgehen und die separat oder gemeinschaftlich organisiert werden. Ein guter Kommentar zur Mitbestimmung und zum Betriebsverfassungsgesetz gehört jedenfalls unbedingt zum Handwerkszeug eines jeden Verantwortlichen für die Interne Unternehmenskommunikation.

Für die Interne Unternehmenskommunikation ergeben sich insbesondere aus dem Betriebsverfassungsgesetz wesentliche Auswirkungen auf die Kommunikationsstrukturen im Unternehmen:

- Innerhalb des Unternehmens oder der Unternehmensgruppe bzw. des Konzerns existieren regelmäßige, gesetzlich vorgeschriebene, formelle Informations- und Kommunikationsströme, die zugleich die informelle Kommunikation erheblich beeinflussen.
- Die gesetzlich vorgeschriebenen Informations- und Kommunikationspflichten definieren Zeitabläufe und Inhalte der übrigen internen Unternehmenskommunikation.
- Die Unternehmensleitung muss dabei unterstützt werden, die Informations- und Erörterungspflichten korrekt zu erfüllen und sie zugleich offensiv für eigene Unternehmens- und Kommunikationsziele zu nutzen.
- Mit den Gremien der Betriebsverfassung entstehen klar definierte Anspruchsgruppen für die interne Kommunikation, die aufgrund ihrer gesetzlichen Rechte von besonderer Bedeutung für die Unternehmensführung sind.
- Die interne Kommunikation muss damit umgehen, dass es mit den Arbeitnehmervertretern bzw. deren Gremien neben der Unternehmensleitung weitere legale und legitime Akteure der internen Unternehmenskommunikation gibt.

Pflicht zur internen Kommunikation: Grundlegende Regeln des Betriebsverfassungsgesetzes (BetrVG)

Informationspflicht gegenüber individuellen Arbeitnehmern

- *§ 81 BetrVG*

Informationspflicht gegenüber allen Arbeitnehmern

- *§43 Abs.2: Berichtspflicht in der Betriebsversammlung mindestens einmal jährlich*
- *§110: Unterrichtungspflicht über die wirtschaftliche Lage des Unternehmens mindestens vierteljährlich schriftlich*

Informations- und Kommunikationspflichten gegenüber dem Betriebsrat

- *§ 74 Abs. 1: Pflicht zur Besprechung mindestens einmal im Monat*
- *§ 80 Abs. 3: Pflicht zur umfassenden und rechtzeitigen Unterrichtung und Bereitstellung der zur Durchführung seiner Aufgaben erforderlichen Unterlagen*
- *§ 90: Unterrichtungs- und Beratungspflicht über Planungen z. B. für Gebäude oder Anlagen*
- *§ 111: Umfassende Unterrichtungs- und Beratungspflicht bei Betriebsänderungen wie Stilllegungen, Verlegungen oder Zusammenschlüssen*

Informations- und Beratungspflichten gegenüber dem Wirtschaftsausschuss

- *§106: Unterrichtungspflicht gegenüber dem Wirtschaftsausschuss über die wirtschaftlichen Angelegenheiten des Unternehmens in monatlichen Sitzungen*

Die Informationsrechte der Arbeitnehmer, des Betriebsrates und Gesamtbetriebsrates bzw. die entsprechenden Informations- und Berichtspflichten des Arbeitgebers sind im Rahmen der betrieblichen und unternehmerischen Mitbestimmung rein rechtlich gesehen zwar die schwächste Form der Beteiligungsrechte, aber sie sind Voraussetzung für die weiteren Anhörungs-, Beratungs-, Widerspruchs- und Zustimmungsrechte, die das Betriebsverfassungsgesetz festlegt. Auf jeden Fall prägen sie ganz wesentlich die Aufgaben der Unternehmensführung und damit der Internen Unternehmenskommunikation.

Das liegt zum einen an dem vorgeschrieben regelmäßigen Sitzungen und Betriebsversammlungen, die ähnlich dem rechtlich fixierten Finanzkalender der Investor Relations einen umfangreichen unterjährigen Kalender der internen Kommunikation bilden. Die enge Terminfolge hängt häufig zusammen mit der zweistufigen Organisation von Betriebsrat und Gesamtbetriebsrat in den Unternehmen, die mehrere Betriebsräte verfügen. Sie kann zudem noch durch entsprechende Sitzungen eines Europäischen Betriebsrates weiter verdichtet werden.

Es liegt zum anderen an der oft schwierigen Unterscheidung zwischen rein betrieblichen Angelegenheiten, dem zentralen Regelungstatbestand des BetrVG, und unternehmerischen Angelegenheiten wie die generelle Strategieentwicklung oder die wirtschaftliche Lage, die eigentlich der Berichterstattung im Wirtschaftsausschuss vorbehalten sind. So steht z. B. auch in der Betriebsversammlung, in der es rein formal »nur« um die Angelegenheiten des Betriebsrates sowie die wirtschaftlichen Angelegenheiten des Betriebes geht, in der Regel zugleich die wirtschaftliche Lage des gesamten Unternehmens auf der Tagesordnung. Bei Unternehmen unter 1000 Mitarbeitern, die nicht von der vierteljährlichen Informationspflicht des Unternehmens im Wirtschaftsausschuss über wirtschaftliche Angelegenheiten erfasst sind, ist dies sogar die Regel.

Betriebsversammlungen: Information für alle Arbeitnehmer

Auch wenn Betriebsversammlungen grundsätzlich nicht öffentlich sind, so stellen sie doch zumindest dann, wenn sie den Charakter einer Großveranstaltung haben, eine typische Schnittstelle zwischen externer und interner Kommunikation dar. Nicht selten finden sich bei großen Betriebsversammlungen externe Gäste in den Reihen der Zuhörer, einschließlich Medienvertretern. Nicht zuletzt das in §2 BetrVG festgelegte Mitwirken der im Betrieb vertretenden Gewerkschaften und Arbeitgeberverbände führt zu dieser Öffnung.

Die kommunikative Ausgangslage bei Betriebsversammlung ist aus Sicht der Unternehmenskommunikation nicht ohne Fallstricke. Formell lädt der Betriebsrat ein, der Arbeitgebervertreter ist lediglich Gast, der seiner Berichtspflicht nachkommen muss. Schon die Formulierungen der Einladung zur Betriebsversammlung sind deshalb – gerade in Zeiten anstehender Neuwahlen des Betriebsrates – nicht selten gespickt mit verbalen Machtdemonstrationen.

Der Auftritt in der Betriebsversammlung ist infolgedessen einer der wichtigsten Auftritte im Rahmen der Unternehmenskommunikation überhaupt. Dieser Auftritt kann zwar rechtlich delegiert werden an einen Vertreter des Arbeitgebers, jedoch kann auf den Auftritt der Nummer eins zumindest in der jährlich vorgeschriebenen Betriebsversammlung, in der der Berichtspflicht nachzukommen ist, nicht verzichtet werden, wenn man dem Sinn und Zweck dieser Bestimmung des Betriebsverfassungsgesetzes wirklich nachkommen will. Umgekehrt ist dieser Anlass ein starkes Instrument für die Unternehmensleitung, ihre zentralen Positionen und Botschaften deutlich zu machen. Möglich ist übrigens in Absprache mit dem Betriebsrat auch eine gemeinsame Einladung zu einer kombinierten Betriebs- und Mitarbeiterversammlung. Auch hier ist bereits mit der Form der Einladung eine wichtige Botschaft verbunden.

Der Betriebsrat als Akteur der Internen Unternehmenskommunikation

Da das BetrVG grundsätzlich von einer partnerschaftlichen Kommunikation zwischen Betriebsrat und Unternehmensleitung ausgeht, übernehmen aktive Betriebsräte diese Rolle auch in der internen Kommunikation.

Grundsätzlich ist der Betriebsrat verpflichtet, Betriebs- oder Geschäftsgeheimnisse nicht zu verwenden (§79 BetrVG). Dennoch ist zu beachten, dass aufgrund der weitgehenden Informationspflichten des Arbeitgebers einerseits und den gremieninternen Berichtspflichten z. B. zwischen Wirtschaftsausschuss und Betriebsrat andererseits, wichtige Kommunikationswege im Unternehmen im Rahmen der Betriebsverfassung vorhanden sind, die sich der Managemententscheidung der Kommunikationsverantwortlichen entziehen. Die Kenntnis des Betriebsverfassungs-Kalenders ist deshalb für die interne Unternehmenskommunikation schon deshalb unabdingbar.

Das BetrVG legt nicht nur Informations- und Kommunikationspflichten des Arbeitgebers fest, es bestimmt auch, dass der Betriebsrat seinerseits Informationspflichten gegenüber der Belegschaft hat. Er ist damit neben der Unternehmensleitung ein eigenständiger, rechtmäßiger Akteur der internen Kommunikation. So schreibt das Gesetz vierteljährliche Betriebs- und Abteilungsversammlungen vor, in denen der Betriebsrat den Arbeitnehmern Bericht erstatten muss.

Darüber hinaus informiert der Betriebsrat mit allen Instrumenten, die er für notwendig erachtet. §40 BetrVG verpflichtet den Arbeitgeber, nicht nur eine funktionsfähige IT-Ausstattung bereit zustellen, sondern erlaubt ihm laut Rechtsprechung darüber hinaus auch die Nutzung von E-Mails und Intranet, wenn der Betrieb über die entsprechenden Möglichkeiten verfügt. Das Recht, eine eigene Intranetseite einzurichten, ist ebenfalls gerichtlich bestätigt.

Europäische Betriebsräte mit erweiterten Unterrichtungsrechten

Auch wenn wie oben gesagt die Umsetzung des Mitbestimmungsgedankens auf nahezu allen Ebenen der Betriebe bzw. Unternehmen ein typisch deutsches Phänomen ist, wurde seit 1994 in gemeinschaftsweit operierenden Unternehmen und Unternehmensgruppen ein Europäischen Betriebsrat (EBR) oder ein anderes Verfahren zur Unterrichtung und Anhörung der Arbeitnehmer geschaffen. In der Neufassung der Richtlinie Ende 2008 bzw. deren nationale Umsetzung durch das Gesetz über Europäische Betriebsräte von 2009 wurden die Informations- und Konsultationsansprüche der Europäischen Betriebsräte noch einmal erweitert.

Die durch den Arbeitgeber übermittelte Information muss es den Arbeitnehmervertretern erlauben, »die möglichen Auswirkungen eingehend zu prüfen« und gegebenenfalls Anhörungen mit dem zuständigen Organ des betreffenden gemeinschaftsweit operierenden Unternehmens oder der gemeinschaftsweit operierenden Unternehmensgruppe vorzubereiten. Damit wurde die Pflicht zur »Unterrichtung« noch einmal in dem Sinne präziser gefasst, dass sie qualitativ und zeitlich geeignet sein muss, die Auswirkungen einer Unternehmensentscheidung zu prüfen. Auch wenn der EBR in der Praxis für die Interne Unternehmenskommunikation bislang nicht dieselbe Bedeutung hatte wie die nationalen Betriebsräte, so bleibt abzuwarten, wie sich diese Neuregelungen auswirken werden. Für die interne Kommunikation ist der EBR in jedem Fall ein Gremium, das sehr stark auf die Unternehmenskultur einwirken kann und insofern auch jenseits der förmlichen Unterrichtungspflichten Beachtung finden sollte.

Der Trend: Noch mehr Einblicke für die Arbeitnehmervertreter

Das 2008 verabschiedete Risikobegrenzungsgesetz, das auf die zunehmenden Aktivitäten von Finanzinvestoren auf dem deutschen Markt reagiert, zeigt, dass der Trend zu zusätzlichen bzw. weitergehenden Informationspflichten gegenüber den Arbeitnehmervertretern anhält. Unabhängig davon, ob eine Übernahme eine Betriebsänderung mit Nachteilen für die Belegschaft zur Folge hat – dies wäre bereits über den einschlägigen §111 BetrVG mit Unterrichtungs-, Beratungs- und letztlich Mitbestimmungsrechten geregelt – unabhängig davon werden in diesem Gesetz die entsprechenden Paragraphen des BetrVG so geändert, dass entweder Wirtschaftsausschuss oder Betriebsrat über solche Übernahmen informiert werden müssen.

Entlassungen müssen intern kommuniziert werden

Müssen Mitarbeiter entlassen werden, so ist zum einen der Betriebsrat zu informieren, da alle Kündigungen gemäß § 102 BetrVG mitbestimmungspflichtig sind. Bei so genannten Massenentlassungen von mehr als 30 Beschäftigten im Sinne des Kündigungsschutzgesetzes nach § 17 Abs.1 ist zunächst dem Arbeitsamt Anzeige zu erstatten und der Betriebsrat ausführlich zu informieren. Mit ihm sind zudem Möglichkeiten zu erörtern, wie Entlassungen vermieden oder eingeschränkt bzw. deren Folgen gemindert werden können – und zwar all dies bevor die Kündigungen ausgesprochen werden. Existiert ein Wirtschaftsausschuss, so muss diesem zusätzlich umfassend über die wirtschaftliche Lage des Betriebs Bericht erstattet werden, in deren Lichte die Entlassungen vorgenommen werden.

Mitbestimmung im Aufsichtsrat

Als Faustregel gilt hier: In jedem Unternehmen in der Rechtsform einer Kapitalgesellschaft mit mehr als 500 Arbeitnehmern gibt es Arbeitnehmervertreter im Aufsichtsrat. Geregelt wird dies für Kapitalgesellschaften zwischen 500 und 2000 Mitarbeitern im so genannten

Drittelbeteilungsgesetz, das 2004 das althergebrachte Betriebsverfassungsgesetz in diesen Punkten abgelöst hat. Für Aktiengesellschaften mit mehr als 2000 Mitarbeitern gilt das Mitbestimmungsgesetz, dass eine paritätische Besetzung des Aufsichtsrates mit Arbeitnehmervertretern vorsieht. Diese Mitbestimmung auf Unternehmensebene ist aus dem Blickwinkel der internen Kommunikation vor allem erneut Ausdruck einer geregelten Kommunikation zwischen Unternehmensleitung, Kapitalgebern und Arbeitnehmervertretern. Der deutsche Corporate Governance Kodex macht den Vorstand einer Aktiengesellschaft generell noch einmal explizit für »die Einhaltung der gesetzlichen Bestimmungen« und damit auch für die gesetzmäßige Umsetzung der Mitbestimmungsrechte verantwortlich.

Auch wenn die Einflussmöglichkeiten je nach Parität unterschiedlich sind, die Kommunikationsrechte und -möglichkeiten, die Arbeitnehmervertreter in Aufsichtsräten haben, sind nahezu gleichwertig. Oft wird der Generalverdacht geäußert, dass Arbeitnehmervertreter ihren Informationsvorsprung gezielt nutzen, um über das Spiel mit den externen Medien Vorteile zu ziehen bzw. Druck auszuüben. Analysen von Gewerkschaftsseite zeigen dagegen das genaue Gegenteil. Relevant für die Interne Unternehmenskommunikation ist vor allem die Kenntnis dessen, wer was wann auf Arbeitnehmerseite weiß, um ggf. noch intensiver ins Unternehmen »hineinzuhören«. Nicht zuletzt der berühmte Flurfunk lässt sich nutzen, um herauszufinden, welche Themen mit welchem Kenntnisstand diskutiert werden. Spätestens wenn die Unterlagen für die Aufsichtsratssitzung versandt werden, muss die Sensibilität für die interne informelle Diskussion noch einmal deutlich steigen – sei es, um ihr entgegenzuwirken oder um sie als eine Art Resonanzboden für die Vorbereitung der Sitzung zu nutzen.

Rechtsetzung im Betrieb

Zusätzlich zu den gesetzlichen Rahmenbedingungen der internen Kommunikation sind betriebliche Rechtsetzungen zu beachten, die so genannten Betriebsvereinbarungen nach dem BetrVG. Diese Verträge zwischen Arbeitgeber und Betriebsrat rücken häufig erst dann in den Fokus der Internen Unternehmenskommunikation, wenn es zum Beispiel um Mitarbeiterbefragungen geht, die mitbestimmungspflichtig sind und häufig in Form von Betriebsvereinbarungen geregelt sind.

Aber auch andere direkt kommunikativ wirksame Regelungsbereiche sind Gegenstand von Betriebsvereinbarungen, z.B. das traditionelle Vorschlagswesen oder das neuere »Whistleblowing«. Letzteres findet sich in internationalen Unternehmen häufig in den so genannten Codes of Conduct wieder. Sie spiegeln die geänderte Unternehmenspraxis nach dem Sarbanes-Oxley Gesetz von 2002, wonach interne anonyme Berichte über Gesetzesverstöße im Bereich der Rechnungslegung nicht sanktioniert werden. In Deutschland wäre eine solche Beschwerdehotline unbedingt ein Fall für die Betriebsvereinbarung.

Das interne Kommunikationsmanagement findet im Bereich der Betriebsvereinbarungen einerseits Inhalte und Themen, die auch offensiv genutzt werden können. Andererseits setzen Betriebsvereinbarungen auch klare Handlungsvorgaben, z. B. wenn die Einrichtung eines Redaktionsbeirates mit Arbeitnehmervertretern für die Mitarbeiterzeitung vereinbart wird.

Auszüge aus den Verfahrensregeln für das Whistleblowing in einer internationalen Unternehmensgruppe

»Alle Arbeitnehmer in unserer Unternehmensgruppe sind angehalten, vermutete Verstöße gegen gesetzliche oder unternehmensinternen Regeln der Buchführung und Rechnungslegung an ihre direkten Vorgesetzten oder die Revisionsabteilung zu melden. Für den Fall dass ein solcher Bericht nicht ernst genommen wird oder der Mitarbeiter es nicht für praktikabel hält, seine direkten Vorgesetzten anzusprechen, ist er aufgefordert, sich direkt an die Geschäftsführung zu wenden. Darüber hinaus kann jeder Mitarbeiter anonyme Klagen in den genannten Bereichen der Rechnungslegung entweder als Fax oder als Brief an die unten angegebene Adresse senden. Die Vertraulichkeit der anonym berichtenden Person wird soweit wie es gesetzlich zulässig ist gewahrt. In Übereinstimmung mit dem Code of Conduct toleriert unser Unternehmen keine Repressalien gegen eine Person, die in guter Absicht anonym oder nicht anonym über unlauteres oder rechtwidriges Verhalten berichtet.«

Insbesondere im Zusammenhang mit der Nutzung von Social Media wie Facebook, Myspace oder Twitter hat sich eine neue arbeitsrechtliche Diskussion entwickelt. Die betriebliche Praxis im Umgang mit sozialen Internet-Netzwerken reicht vom kompletten Verbot der privaten Nutzung über den eingeschränkten Gebrauch bis zur völligen Freigabe. Neuer Umfragen aus den USA zeigen, dass mehr als die Hälfte der befragten Unternehmen ihren Mitarbeitern das Surfen auf sozialen Plattformen oder das Twittern während der Arbeitszeit strikt untersagen. Offensichtlich wird die Gefahr, dass Mitarbeiter direkt vom Arbeitsplatz aus Informationen oder auch nur Stimmungen einem Nutzerkreis mitteilen, als hoch eingeschätzt.

Auch in Deutschland scheint der Trend dahin zu gehen, zumindest klare Regeln für die Nutzung von sozialen Netzwerken während der Arbeitszeit aufzustellen. Die »betriebliche Übung«, wonach die gelegentliche private Internetnutzung am Arbeitsplatz stillschweigend geduldet wird, begründet jedenfalls keinen Anspruch auf die Nutzung solcher Medien. Umgekehrt wird ein völliges Verbot zumindest der Zustimmungspflicht des Betriebsrates unterliegen. Damit ist auch dieses Thema in Deutschland ein klasssicher Fall für eine vertragliche Regelung über die Betriebsvereinbarung.

	UNMITTELBAR	REPRÄSENTATIV
GESETZLICH	• Betriebsversammlung • Berichte zur Wirtschaftlichen Lage • Arbeitnehmergespräche	• Aufsichtsrat • Betriebsrat • Azubivertretung • Gleichstellungsbeauftragte • etc.
VERTRAGLICH	• Zielvereinbarungen • Vorschlagswesen • Bertriebsvereinbarungen	• Qualitätszirkel • Redaktionsbeirat • Diversity-Ausschuss

Abbildung 11: Rechtlich fixierte Partizipationsformen der Internen Unternehmenskommunikation

Fazit für die Interne Unternehmenskommunikation

Wie für die Kapitalmarktkommunikation gibt es auch für die interne Unternehmenskommunikation ein dichtes Regelwerk zu beachten, das maßgeblich auf die strategischen und operativen Entscheidungen zur Internen Unternehmenskommunikation Einfluss nimmt oder diese sogar durch rechtlich verbindliche Vorgaben ersetzt. Damit steht die interne Unternehmenskommunikation oft genug vor der Frage, in welchem zeitlichen Kontext und mit welchen Botschaften Gremiensitzungen oder Versammlungen seitens der Unternehmensleitung begleitet werden müssen.

Die Balance zu finden zwischen einem defensiven oder offensiven Umgang mit den Pflichten des Betriebsverfassungsgesetzes ist infolgedessen für die Interne Unternehmenskommunikation eine der zentralen Aufgabenstellungen. In jedem Fall macht das detaillierte Regelwerk zur Mitbestimmung deutlich, dass die Regeln nicht nur penibel eingehalten, sondern zugleich mit strategischem Impetus betrachtet werden müssen. Denn gegen die Akteure auf Arbeitnehmerseite ist auch in der internen Kommunikation nur schwer zu bestehen ist.

Dabei ist es durchaus nicht die Regel, dass die Sitzungen, Versammlungen, Berichte oder andere Kommunikationsaktivitäten, die im Rahmen der Betriebsverfassung vorgeschrieben sind, von den Verantwortlichen für die Interne Unternehmenskommunikation verantwortet oder zumindest begleitet werden. Mitbestimmungsangelegenheiten liegen meistens bei der Personalabteilung, obwohl eine Verzahnung mit der Internen Unternehmenskommunikation dringend erforderlich ist. Eine misslungene Betriebsversammlung mit einem schlechten Auftritt des Vorstandes oder eine nachlässige Unterrichtung des Wirtschaftsausschusses hat nicht nur rechtliche Konsequenzen, sondern nicht zuletzt Auswirkungen auf die Ziele der Internen Unternehmenskommunikation.

Kalender der Internen Unternehmenskommunikation
(beispielhaft mit den Mindestvorschriften für ein Unternehmen mit mehr als 1000 Arbeitnehmern, europaweit tätig, Kapitalgesellschaft, nicht börsennotiert)

	JEWEILS MONATLICH	IM QUARTAL
1. QUARTAL	Betriebsratssitzung Wirtschaftsausschusssitzung Gesamtbetriebsratssitzung	Aufsichtsratssitzung Betriebsversammlung Bericht zur wirtschaftlichen Lage
2. QUARTAL	Betriebsratssitzung Wirtschaftsausschusssitzung Gesamtbetriebsratssitzung	Betriebsversammlung Betriebsräteversammlung Bericht zur wirtschaftlichen Lage
3. QUARTAL	Betriebsratssitzung Wirtschaftsausschusssitzung Gesamtbetriebsratssitzung	Betriebsversammlung mit Arbeitgeberbericht Europäischer Betriebsrat mit Unterrichtung Unternehmensleitung
4. QUARTAL	Betriebsratssitzung Wirtschaftsausschusssitzung Gesamtbetriebsratssitzung	Aufsichtsratssitzung Betriebsversammlung Bericht zur wirtschaftlichen Lage

Lesehinweise

Oelert, Jochen (2008): »Internes Kommunikationsmanagement. Rahmenfaktoren, Gestaltungsansätze und Aufgabenfelder«. Wiesbaden: Gabler, S. 62-77
Eine der wenigen guten Übersichten mit hilfreichen Grafiken.

Steinau, Daniela (2006): »Interne Kommunikation bei Unternehmenskrisen. Konzepte, Praxis, Rechtsgrundlage«. Saarbrücken: VDM-Verl. Müller
Die Rechtsgrundlagen der internen Kommunikation werden ausführlich dargestellt.

Kapitel 5
Anspruchs- und Zielgruppen der Internen Unternehmenskommunikation: Identifikation, Differenzierung und Bewertung legitimer Interessen

Jede konzeptionelle Überlegung zur Internen Unternehmenskommunikation muss sich mit der Analyse der internen Anspruchsgruppen auseinandersetzen, die man bewegen will. Die Analyse der Anspruchsgruppen ist Voraussetzung sowohl für die Auswahl der Themen und Botschaften als auch der Kommunikationstechniken. Denn das Management interner Anspruchsgruppen verfolgt das Ziel, deren Ansprüche so zu koordinieren, dass die Unternehmensziele möglichst effizient erreicht werden. Die Interne Unternehmenskommunikation ist deshalb ein wesentlicher Bestandteil des gesamten Stakeholder-Managements. Das schließt auch bei den internen Anspruchgruppen mit ein, dass sie in ihrer Bedeutung nach unterschiedlich gewichtet werden. Nicht alle internen Anspruchsgruppen werden folglich auch Zielgruppen der Internen Unternehmenskommunikation. Es gehört zu den schwierigen strategischen Entscheidungen, hier Prioritäten zu setzen. Wechselt man die Perspektive und definiert Anspruchs- und Zielgruppen einmal aus Sicht der Mitarbeiter, also »von unten nach oben«, dann wird deutlich, dass die Führungskräfte auf allen Ebene gefordert sind, ihre Kommunikationsaufgaben wahrzunehmen.

Die Zielgruppenanalyse wird in vielen Fachbüchern zur internen Kommunikation wie eine lästige Pflichtübung abgehandelt. Diese Behandlung spiegelt weitgehend die Praxis der internen Kommunikation, in der für diesen Analyseschritt oft nicht die ausreichenden Ressourcen eingesetzt werden bzw. werden können. Während in der externen Kommunikation umfangreiche, oft Datenbank gestützte »Stakeholder Mappings«, zum Beispiel zur Analyse von NGOs oder politischen Entscheidungsträgern, an der Tagesordnung sind, hängt die Analyse in der Internen Unternehmenskommunikation dieser Praxis oft noch deutlich hinterher. Dennoch ist diese Analyse von zentraler Bedeutung für Strategie und Umsetzung der internen Kommunikation.

Denn die internen Anspruchsgruppen sind in der Regel sehr heterogen, vor allem aber anspruchsvoll und kritisch. Viel ausgeprägter als jede externe Anspruchsgruppe verfügen sie über umfangreiche Hintergrundinformationen, permanente informelle Austauschmöglichkeiten mit anderen Insidern und im Zweifelsfall über einen echten Informations-

oder Wissensvorsprung zumindest in ihren Fachgebieten. Sie können wie keine andere Anspruchsgruppe erkennen, dass jede Entscheidung im Unternehmen auch Alternativen gehabt hätte, sprich dass eine Entscheidung so aber auch anders hätte ausfallen können – eine Unsicherheit bei Führungsentscheidungen, die in der Literatur oft als »Kontingenz« beschrieben wird.

Mitarbeiter kennen diese Unsicherheiten sehr gut und lassen sich nicht so schnell davon überzeugen, dass es sie nicht gibt und nur die getroffene Entscheidung die richtige ist – eine fast banal klingen Erkenntnis, die jedoch erhebliche Auswirkung auf sämtliche strategischen und operativen Überlegungen hat. Zielgruppen, die Kontingenzen kennen, lassen sich auch von noch so anspruchsvoll gestalteten und professionell umgesetzten Kommunikationsinstrumenten nicht oder nur bedingt beeindrucken.

Bezugsgruppen der Internen Unternehmenskommunikation und ihre Bedeutung im Hinblick auf die Kommunikationsziele

Um die Analyseschritte deutlich herauszuarbeiten, ist es sinnvoll, zunächst einmal präzise zu unterscheiden, von welchen Personengruppen jeweils die Rede ist. Im Folgenden werden sämtliche vorhandenen Gruppen mit legitimen Interessen in einer Organisation als Anspruchsgruppen bezeichnet. Sie alle sind potenziell Teilnehmer der internen Kommunikation. Demgegenüber werden die Gruppen, die faktisch mit Maßnahmen der Internen Unternehmenskommunikation adressiert werden, als Zielgruppen bezeichnet werden. Der Begriff der Zielgruppen meint also die Operationalisierung der Anspruchsgruppen für die Interne Unternehmenskommunikation.

Anspruchsgruppen	**Zielgruppen**
• sind von den Entscheidungen eines Unternehmens positiv oder negativ betroffen und/oder haben selbst Einfluss auf die Geschäftsaktivitäten • haben materielle oder immaterielle Ansprüche, Rechte, Erwartungen, Interessen • haben Verfügungs- und Sanktionsmacht bzw. Mitentscheidungsrechte	• sind eine Teilmenge der Anspruchsgruppen • sollen Adressaten von Maßnahmen der internen Kommunikation sein • werden aus der Analyse der Anspruchsgruppen herausgefiltert • ihre Merkmale sind die Grundlage für strategische und operative Entscheidungen zur internen Unternehmenskommunikation

IDENTIFIKATION — DIFFERENZIERUNG — BEWERTUNG

Abbildung 12: Bezugsgruppen der internen Kommunikation

Warum ist es zwingend, diese Bezugsgruppen für die Interne Unternehmenskommunikation eingehend zu analysieren? Zur grundlegenden Orientierung ist es hilfreich, noch einmal die Kommunikationsziele deutlich zu machen, um die es letztlich geht, nämlich Aufmerksamkeit, Emotionalisierung, Wissensbildung, Meinungsbildung und Adressieren der Motivationsfaktoren bei internen Zielgruppen. Letztere können materiell, aber natürlich auch ideell bzw. Wert orientiert sein. Am Ende der Zielkette steht die Entscheidung, ob, wie und in welchem Maße die Organisationsmitglieder ihrerseits den Entscheidungen der Unternehmensführung folgen. Dieses Verhalten der Organisationsmitglieder lässt sich infolgedessen in graduellen Varianten von Akzeptanz der übergeordneten Unternehmensziele messen – von der rein passiv-reaktiven bis zur aktiv-handlungsorientierten Akzeptanz.

Andere zu einem Verhalten zu bewegen über Kommunikation – das ist die Essenz dessen, was Management ausmacht. Jede konzeptionelle Überlegung zur internen Unternehmenskommunikation muss sich deshalb mit der Analyse der internen Anspruchsgruppen auseinandersetzen, die man bewegen will – eine Analyse, die Teil eines Managementprozesses ist, der externe und interne Anspruchsgruppen identifiziert, sie bewertet und auf Veränderungen und Entwicklungspotenzial hin überprüft.

Das Management von Anspruchsgruppen

Die so genannte Stakeholder-Theorie bietet in diesem Zusammenhang wichtige Einordnungen für Theorie und Praxis der internen Kommunikation. Der englische Begriff der »stakeholder« ist nur schwer zu übersetzen, da »stakes« eine vielschichtige Bedeutung haben. Der Begriff bezieht sich auf eine Mischung aus Rechten und Pflichten, aus Chancen und Risiken und gegenseitigen Abhängigkeiten. Anspruchsgruppen bezeichnen solche Gruppen oder Individuen, die von den Aktivitäten eines Unternehmens beeinflusst werden oder werden können oder selbst Einfluss darauf ausüben oder ausüben können. Legitime Ansprüche ergeben sich dabei entweder aus Leistungen, die gegenüber dem Unternehmen erbracht werden oder aus Auswirkungen von Entscheidungen, die hingenommen werden müssen.

Auf interne Anspruchsgruppen scheint diese Definition zunächst einmal immer zuzutreffen. Wer würde bestreiten, dass Mitarbeiter legitime Interessen gegenüber ihrem Unternehmen haben? Doch bei genauerem Hinsehen sind die Einflussmöglichkeiten oder Abhängigkeiten sehr unterschiedlich, man denke beispielsweise an Restrukturierungsprozesse, Standortschließungen oder Verlagerungen ins Ausland. Hier können Interessen aus »negativen« Entscheidungen des Unternehmens herrühren, die in Kombination mit vertraglichen Verpflichtungen und sozialer Verantwortung zu einem ganz starken Anspruch werden. Wie bei den externen Anspruchsgruppen geht es auch intern darum, mit Anspruchsgruppen zu kommunizieren, die in solchen Situationen oft widersprüchliche Interessen verfolgen oder – und auch das ist eine praxisrelevante Kategorie – die nur über eine schwache Position und keine Stimme im Unternehmen verfügen. Spätestens hier wird deutlich, dass beide, das externe wie das interne Stakeholdermanagement, eine starke normative Komponente haben. Es geht um die Wahrnehmung interner Anspruchsgruppen in ihrem Anspruch auf Teilhabe, der eine reine Nutzen maximierende, betriebsrationale Sichtweise der kommunikativen Beziehungen ausschließt.

Aber nicht nur aus »negativen« Entscheidungen eines Unternehmens bzw. der »negativen Abhängigkeit« erwachsen Ansprüche für die internen Anspruchsgruppen, sondern auch aus der umgekehrten Variante, bei der die Möglichkeiten, Interessen wahrzunehmen und Ansprüche geltend zu machen, eher aus einer starken Position der internen Anspruchsgruppe herrührt. So wird sich der Gedanke, dass sich Unternehmen gegenüber ihren Mitarbeitern legitimieren müssen, jenseits der Gewerkschaftssichtweise vor allem dann durchsetzen, wenn hoch qualifizierte Mitarbeiter als ein knappes Wirtschaftsgut identifiziert sind. Existieren ausgewiesene Expertengruppen, braucht das Unternehmen seltene Schlüsselqualifikationen oder gibt es Mitbestimmungsgremien, die sich verdient gemacht haben, dann ist das Kräfteverhältnis der wechselseitigen Ansprüche und Einflussmöglichkeiten deutlich anders gestaltet.

Auch für die Legitimität und Relevanz von Ansprüchen gibt es also zumindest Abstufungen. Nur mit einer Binnendifferenzierung der internen Anspruchsgruppen lässt sich also diese für »Stakeholder« typische Gemengelage aufklären. Das Management interner Anspruchsgruppen hat dementsprechend zum Ziel, diese Ansprüche so zu koordinieren, dass die Unternehmensziele möglichst effizient erreicht werden. Die interne Unternehmenskommunikation ist dabei ein wesentlicher Bestandteil des gesamten Stakeholder-Managements. Die spezifischen Ansprüche der internen Anspruchsgruppen, ihre wechselseitigen Abhängigleiten mit der Organisation zu analysieren, ist dazu die Grundvoraussetzung.

Die Bedeutung der Anspruchs- und Zielgruppenanalyse für das Kommunikationsmanagement

Die Standardantwort, die regelmäßig auf die Frage nach der Bedeutung der internen Anspruchs- bzw. Zielgruppen gegeben wird, lautet sinngemäß: Wir müssen unsere Zielgruppen identifizieren, damit wir unsere weiteren Strategien und Maßnahmen zielgruppenspezifisch ausrichten können. Hier stellt sich die Frage: Was genau bedeutet eigentlich zielgruppenspezifisch?

Es bedeutet in einer einfachen Formel, die unterschiedlichen Zielgruppen unter Berücksichtigung

- ihrer kognitiven Strukturen,
- ihrer affektiven Bedürfnisse,
- ihrer organisatorischen Rahmenbedingungen sowie
- der externen Einflüsse aus dem Umfeld des Unternehmens

anzusprechen, um ein bestimmtes Verhalten zu erzielen. Insofern bestimmt die Analyse der Anspruchs- und Zielgruppen der internen Kommunikation sowohl die Auswahl der Themen und Botschaften als auch der Kommunikationstechniken wie Einfachheit, Emotionalität, Wiederholung oder Argumentation. Nach ihr richten sich darüber hinaus die konkreten Kommunikationsmaßnahmen, so zum Beispiel die Wahl der Medien. Gerade wenn sich interne Kommunikation nicht auf ein instrumentelles Denken nach dem Motto »Wie bringe ich die Information an den Mann oder die Frau?« beschränkt, sondern die internen Anspruchsgruppen, vor allem die Mitarbeiter, in (partizipative) Dialogformen einbinden will, ist die interne Stakeholderanalyse mehr als nur eine Pflichtübung.

An dieser Stelle ist zugleich mit einem weit verbreiteten Missverständnis auszuräumen, das mit der Forderung entsteht, interne und externe Kommunikation tunlichst in Gleichklang zu bringen. Nicht zuletzt rechtliche Vorgaben vor allem für börsennotierte Unternehmen haben zu einer noch schlichteren Fassung dieser Forderung geführt. Demnach sollen externe und interne Kommunikation am besten identisch sein. Dieser Grundsatz wird nicht nur dem Stakeholder-Ansatz nicht gerecht, sondern er läuft dem Primat der zielgruppenspezifischen Kommunikation grundsätzlich zuwider und lässt die Aussicht auf das Erreichen der genannten Kommunikationsziele gering werden. Natürlich muss jede inhaltliche Aussage, die in der internen Kommunikation getätigt wird, vor externen Öffentlichkeiten Bestand haben können. Aber das bedeutet nicht, dass alles einheitlich sein sollte. Es ist die zentrale Aufgabe der internen Kommunikation, eigenständige Kommunikationskonzepte zu entwickeln und durchzuführen, die spezifisch auf die internen Zielgruppen eingehen.

Der Hinweis auf das Verhältnis zwischen dem Unternehmen und seinem externen Umfeld ist in diesem Kontext noch aus einem anderen Grund wichtig. Interne Anspruchsgruppen werden permanent zugleich von externen Medien und anderen Absendern adressiert und zwar in ihrer Eigenschaft als Angehörige des Unternehmens oder Mitglieder der Organisation. Das reicht von der Boulevardpresse über den Sportvereinsstammtisch bis hin zum Gewerkschaftsmagazin. Damit muss die interne Kommunikation leben, ja sogar umgehen können. Jedenfalls gehört es auch zu einer präzisen Zielgruppenanalyse, solche externen Faktoren des Umfeldes und ihre Bedeutung für die internen Gruppen soweit wie möglich zur Analyse heranzuziehen.

Die Analyse von Anspruchsgruppen: Identifikation, Differenzierung und Bewertung im Kontext der Unternehmensorganisation

Eine gute Analyse umfasst die Identifikation, das typische Profil der jeweiligen Anspruchsgruppe und damit ihre Differenzierung gegenüber anderen sowie die Bestimmung ihrer Rolle innerhalb der Organisation und ihre Bedeutung für die strategischen Unternehmensziele.

Die einfachste Form der Identifikation der internen Anspruchsgruppen ist in der Praxis häufig zurückzuführen auf die Frage, welche Kommunikationsmedien eigentlich einzusetzen sind, wenn sowohl Mitarbeiter in der Verwaltung oder im Außendienst als auch in der Produktion ohne Bildschirmarbeitsplatz erreicht werden müssen. Das ist ein einfacher, jedoch ein unzureichender Ansatz zur genaueren Analyse der internen Anspruchsgruppen.

Interne Anspruchsgruppen differenzieren und definieren sich vielmehr nach

- ihrer Aufgabe in der Wertschöpfungskette,
- ihrer Zugehörigkeit zu Berufsgruppen,
- ihrer Zugehörigkeit zu internen Gremien,
- ihre Rolle in der Hierarchie bzw. der Organisationsstruktur oder
- ihrer Rolle in Veränderungsprozessen.

Die Identifikation erfolgt also in einem ersten Schritt anhand der Frage, in welcher Beziehung die Gruppen jeweils zum Unternehmen stehen. Ergänzend können diese Gruppen zusätzlich noch durch ausgewählte soziodemografische Merkmalen wie Alter, Herkunft, Nationalität differenziert werden. Alle Kategorien lassen sich entweder einzeln oder auch kumulativ anwenden.

Position in der Wertkette	Zugehörigkeit zu Berufsgruppe	Hierarchische Position	Mitgliedschaften in Gremien	Veränderungs-typen
Soziodemografische, sozio-ökonomische bzw. psychografische Merkmale				
• Einkauf • Produktion • Vertrieb • Verwaltung	• »Piloten« • Ingenieure • Techniker • Vertriebskräfte • Kundenberater	• Mitarbeiter • Führungskräfte • Leitende Angestellte • Zentrale • Geschäftseinheiten	• Betriebsrat • Wirtschaftsaus-schuss • Projekt-Teams • Jugendvertretung	• Innovatoren • Frühe Umsetzer • Frühe Mehrheit • Späte Mehrheit • Nachzügler

Abbildung 13: Identifikation von Anspruchs- und Zielgruppen

Geht man entlang dieser Kategorien, so wird auch deutlich, dass die internen Anspruchsgruppen nicht nur aus Arbeitnehmern im engeren rechtlichen Sinne bestehen. Nicht nur Zeitarbeitskräfte gehören dazu, sondern auch Rentner oder Angehörige von Mitarbeitern, Praktikanten, Werkstudenten, aber natürlich auch externe Mitglieder in den Aufsichtsräten oder den so beliebten Beiräten oder Kuratorien. Letztere geraten – einmal eingerichtet – schnell als interne Anspruchgruppe aus dem Blick, so dass sie nicht mehr viel nützen, schlimmstenfalls und gar nicht selten sogar schaden können, weil sie vor allem von Medien immer als Multiplikator und Quelle gesehen werden.

Um diesen Gruppen ein Profil zugeben, ist eine präzise Auswertung aller vorhandenen Informationen zur Unternehmensgeschichte und -kultur sowie den geäußerten Erwartungen notwendig. Nicht zuletzt sind es eigene Beobachtungen, die Aufschluss darüber geben können, welche Anspruchsgruppen sich in der Entwicklung formiert haben, welche die internen Strukturen selbst stark prägen oder umgekehrt von ihnen geprägt werden. Schließlich sollten in der Analyse Interessenkonflikte zwischen den Gruppen sichtbar gemacht und bewertet werden.

Typischerweise bedient sich auch diese Analyse dazu einfacher Checklisten.

Merkmale / Position	Ansprüche	Erwartungen	Erfahrungen	Rolle im Unternehmen	Beziehungen/ Konflikte	Erreichbarkeit inhaltlich medial
	Gemeinsame Ansprüche und Erwartungen/Erreichbarkeit					

Abbildung 14: Checkliste für die interne Stakeholder-Analyse

Dabei ist zu beachten, dass – abhängig von Aufbauorganisation und Rechtsformen innerhalb eines Unternehmens oder einer Unternehmensgruppe – einzelne Teileinheiten wie Konzerngesellschaften oder Forschungsteams eigene starke Identitäten entwickeln können. In solchen Fällen kann es sinnvoll sein, für diese Teileinheiten eigene Anspruchsgruppen zu definieren und Profile zu erstellen.

In jedem Fall sollten die Profile der Anspruchsgruppen darauf hin überprüft werden, wo es Schnittmengen für gemeinsame Ansprüche und Erwartungen gibt. Damit wird der Grundstein gelegt für eine Grundinformation und -kommunikation, die sich an alle Stakeholder des Unternehmens richtet.

Die Kategorienbildung zur Identifikation von Anspruchsgruppen nimmt Bezug auf die jeweiligen Gruppen oder Milieus, denen individuelle Mitarbeiter zugehören. Die Begründung dafür ist die aus der Jugendsoziologie stammende Erkenntnis, dass Individuen in ihrer Meinungsbildung und ihrem Verhalten durch ihre jeweiligen »peer groups« beeinflusst werden. Infolgedessen können auch Organisationsmitglieder in ihrer Eigenschaft als Gruppenmitglieder besonders wirkungsvoll angesprochen werden, weil sie in ihrer jeweiligen Gruppe Erwartungen bilden und Bestätigung holen.

Allerdings finden sich darüber hinaus auch Ansätze des internen Kommunikationsmanagements, die davon ausgehen, dass es darauf ankommt, die Individuen direkt zu erreichen, weil diese im Rahmen des Unternehmens individuelle Handlungsfreiheiten haben und diese in zunehmendem Maße nutzen. Dieser Ansatz spielt besonders in der Veränderungskommunikation eine Rolle, in der interne Zielgruppen nach ihrer individuellen Rolle in der Veränderung bzw. ihrer individuellen Veränderungs- und Lernbereitschaft hinterfragt werden.

Die Orientierung an individuellen Bedürfnissen entspricht im Grundsatz der von Chris Anderson, Chefredakteur des amerikanischen Magazins »Wired«, entwickelten »Long Tail«-Strategie, die auf die Möglichkeiten der Online-Kommunikation Bezug nimmt, Angebote im Internet selbst in kleinsten Mengen noch rentabel verkaufen zu können. »Long-Tail«-Marketing behandelt Konsumenten als Individuen mit einzigartigen Interessen und Bedürfnissen. Nicht die Masse zählt, sondern die Nische; nicht die Gruppe, sondern das Individuum. Genau in diesem von den Vordenkern der Online-Gesellschaft geprägten Denken bewegt sich auch die interne Kommunikation, wenn sie das Individuum in den Mittelpunkt rückt, das in jedem Fall ohne großen Aufwand online in seinen spezifischen Interessen angesprochen und erreicht werden kann.

Abbildung 15: Long-Tail-Strategie in der internen Kommunikation:
Individualisierte Inhalte für eine unbegrenzte Zahl von Zielpersonen

Die Analyse von Individuen als Zielpersonen verlangt demzufolge noch umfangreichere Erhebungen und Datenanalysen zu persönlichen Erwartungen, zu Bedürfnissen oder Verhaltensmustern und schließlich zur Mediennutzung. Beiden Ansätzen aber ist gemeinsam, dass sie davon ausgehen, dass interne Anspruchsgruppen starke Interessen mit dem Unternehmen verbinden, und zwar einerseits aus der Empfängerperspektive, andererseits aber auch aus der Perspektive der Fürsprecher, Unterstützer oder sogar Erfolgsgaranten. Letzteres wird in der Regel gerade bei Dienstleistungsunternehmen besonderes deutlich, deren Geschäftsmodell und damit auch der Geschäftserfolg maßgeblich von den Mitarbeitern abhängen, die im direkten Kundenkontakt stehen und dort das Unternehmen im Sinne des Wortes verkörpern. Ihre Ansprüche bzw. Einflussmöglichkeiten müssen sich unbedingt in der Analyse wieder finden.

Bei der Analyse der Anspruchsgruppen in Unternehmen wird man immer wieder damit konfrontiert, dass es mit der Rationalität innerhalb der Organisation oder des Managements nicht so weit her ist. Stattdessen geht es um Macht bzw. unterschiedliche Äußerungen von Macht: Machtkonflikte, offene oder versteckte Machtspiele, um das Instrumentalisieren Dritter und das Verfolgen individueller Interessen, die sich prinzipiell auch gegen das Gesamtinteresse richten können. Die in der Mediengesellschaft stark zugenommene Möglichkeit, mit Insiderinformationen an die Medien für Skandale oder zumindest Skandalisierungen zu sorgen, tut ihr Übriges, diese internen Machtspiele zu befeuern.

Diese oft als Mikropolitik bezeichnete Sichtweise des Innenlebens von Organisationen macht deutlich, dass die Analyse der Anspruchsgruppen diese interne politische Dimension mit berücksichtigen sollte. Sie macht zugleich deutlich, dass Kommunikation immer in diese Machtverhältnisse eingreift, sie verändert oder den Status quo bestärkt. Dieser immanente Mechanismus wird noch dadurch verstärkt, dass interne Unternehmenskommunikation oft selbst klassische politische Interessen verfolgt, zum Beispiel Mehrheiten zu finden für Unternehmensentscheidungen. In jedem Fall sollte diese mikropolitische Perspektive in der Profilbildung der Anspruchsgruppen berücksichtigt werden.

Erhebungsmethoden für die Anspruchsgruppenanalyse

Eine präzise Quellenanalyse sowie weitere Erhebungen sind für die Zielgruppenanalyse notwendig. Eine Auswertung der Aufbauorganisation sowie ggf. zentrale Prozessorganisationen wie z. B. von Supply-Chain-Ketten sowie sämtlicher dokumentierter Äußerungen zu Erwartungshaltungen einzelner Gruppen stehen am Anfang. Überhaupt sind aufbereitete Daten der Personalabteilung wie sie z.B. in Belegschaftsberichten oder im Rahmen des Diversity-Managements verwendet werden, eine wichtige Quelle.

Qualitative empirische Methoden sind gerade für die Zielgruppenanalyse besonders hilfreich, so z. B. Leitfadeninterviews mit ausgewählten internen Ansprechpartnern oder interne Fokusgruppen. Vollständige Mitarbeiterbefragungen mit standardisierten Fragen verlangen in der Regel die Zustimmung des Betriebsrates, sind aufwändig und bilden immer eine Einschätzung der Vergangenheit ab, die – je nach Zeitablauf und Geschwindigkeit von Veränderungsprozessen – nur noch begrenzte Aussagekraft hat.

Dennoch werden Mitarbeiterbefragungen inzwischen schätzungsweise in drei Viertel der deutschen Unternehmen regelmäßig, meistens im 2-Jahres-Turnus, durchgeführt. Folgende Grundmuster können dabei für die Durchführung von Mitarbeiterbefragungen angenommen werden:

- Mitarbeiterbefragungen werden unter Federführung der Personalabteilung durchgeführt. Es wird eine Projektorganisation gebildet, die an die Führungsspitze berichtet. Regelmäßig wird ein externer Dienstleister mit Erhebung und Auswertung beauftragt.
- Neben Basisdaten zur Personalarbeit, z. B. zur Arbeitszufriedenheit, werden aktuelle Themen, aber auch die Erkenntnisinteressen der Kommunikationsabteilung integriert. In der Regel wird dabei mit Feststellungen gearbeitet, die von den Befragten nach Zustimmungsgrad bewertet werden. Insgesamt wird der Umfang so bemessen, dass eine Bearbeitungsdauer von ca. 20 Minuten nicht überschritten wird.
- Die Form der Ergebnisauswertung und -dokumentation wird bereits mit dem Projektauftrag festgelegt. Anonymität ist in jedem Fall zu garantieren. Ob klassischer Fragebogen, Telefon- oder Online-Befragung gewählt wird, entscheidet sich nach Erreichbarkeit der Zielgruppen und natürlich nach Kostengründen. Rücklaufquoten variieren in der Regel bei allen Varianten extrem stark.
- Die Mitarbeiterbefragung ist als solches ein eingreifendes Ereignis der internen Kommunikation. Eine umfassende Einbindung der Führungskräfte, die die Befragung aktiv begleiten müssen, und entsprechende Erklärungen direkt an die Mitarbeiter über die internen Medien sind zwingend notwendig.

Die Auswahl der Zielgruppen als strategische Entscheidung der internen Unternehmenskommunikation

Nach der präzisen Analyse der Anspruchsgruppen müssen zentrale strategische Entscheidungen für die weitere Konzeption der internen Kommunikation getroffen werden. Denn bei einer großen Organisation mit einer dementsprechend starken Differenzierung der Anspruchsgruppen muss davon ausgegangen werden, dass nicht jede Anspruchsgruppe auch eine Zielgruppe für die operative interne Kommunikation sein kann, die jeweils spezifisch angesprochen wird. Das verbietet sich meistens schon aufgrund unzureichender Ressourcen. Abgesehen davon kann ein solcher Ausschluss aber auch einmal daran liegen, dass der Anspruch der Stakeholder als nicht legitim eingeschätzt wird. Allerdings spielt diese Unterscheidung in der internen Kommunikation im Gegensatz zur externen Kommunikation keine zentrale Rolle.

Vor allem aber bedeutete eine zu starke Differenzierung der Maßnahmen nach den Bedürfnissen vieler Zielgruppen die Gefahr, dass die Interne Kommunikation selbst den roten Faden verliert. Das gilt ganz besonders dann, wenn Dialog orientiert gearbeitet wird und Diskussions- und Entscheidungsprozesse transparent gemacht werden sollen. Denn je differenzierter und offener solche internen Kommunikationsaktivitäten laufen, desto schwieriger wird es, die zugleich notwendige formale und inhaltliche Integration wieder herzustellen. Beides bedeutet in der Praxis einen hohen Koordinierungsaufwand, der nicht immer zu leisten ist.

Doch wie gesagt: allein aus der Tatsache, dass die internen Anspruchsgruppen detailliert ausdifferenziert worden sind, ergibt sich nicht zwingend die Notwendigkeit, alle ohne Ausnahme anzusprechen und zu erreichen. Vielmehr geht es in der Regel um eine Prioritätensetzung und zwar mit den folgenden zwei aufeinander aufbauenden Auswahlfragen:

- Mit welchen Gruppen muss kommuniziert werden, um die Unternehmensziele tatsächlich zu erreichen?
- Welche dieser Gruppen müssen zwingend erreicht werden, um eine »kritische Masse« zu erzielen, die die Kommunikations- und Unternehmensziele positiv mit- und weiter trägt?

Prioritätensetzen bedeutet zu akzeptieren, dass nie sämtliche Individuen und Anspruchsgruppen im Unternehmen gleichermaßen erreicht werden können. Dabei ist zunächst einmal zu akzeptieren, dass die Gründe dafür, dass sich Individuen und Gruppen verweigern, vielfältig sein können. Oft sind solche Entscheidungen schlicht Ausdruck der individuellen Entscheidungsfreiheit, die zu respektieren ist. Wenn Unternehmensziele nicht geteilt werden oder im Unternehmen Entscheidungen fallen, die persönlich negativ betreffen, kann sich in der Regel kein auf Akzeptanz beruhendes Verhalten einstellen. Die Interne Unternehmenskommunikation steht dann sehr häufig vor der Aufgabe, bestimmte Zielgruppen nicht mehr in den Fokus der internen Kommunikation zu stellen, sondern sich auf Masse und Mehrheit zu konzentrieren. Oft fällt diese Einsicht schwer, denn wie gerne würde man ja »alle mitnehmen«.

Während es im Marketing nicht hinterfragt wird, Segmentierungen konsequent umzusetzen und bestimmte Gruppen von vornherein von den weiteren Überlegungen auszuschließen, ist dies in der internen Kommunikation komplizierter, weil es in diesem Bereich neben dem ökonomischen Erfolg zugleich um normative Kategorien der Teilhabe, Verantwortung; Fairness und Sozialpartnerschaft geht. Aus diesem Grund sind aus dem Stakeholder Management bekannte Methoden des »Mappings«, in denen es vorrangig um ein Bewertungsraster mit der Kategorie »Macht« oder »Einfluss« bzw. »positiv« oder »negativ« geht, für die interne Kommunikation nur mit Vorsicht anzuwenden. Schon allein die Vielschichtigkeit von Unternehmenszielen, in die neben ökonomischen Vorgaben auch soziale, kulturelle oder ökologische Wertvorstellungen einfließen, schließt eine solche rein utilitaristische Betrachtung aus.

Allerdings gibt es die Möglichkeit, unterschiedliche Kategorien speziell für die Interne Unternehmenskommunikation miteinander zu verbinden wie das folgende Beispiel zeigt. Denn insgesamt geht an einer strategischen Bewertung und in der Regel auch Auswahl vorrangiger Zielgruppen aus den genannten Gründen kein Weg vorbei.

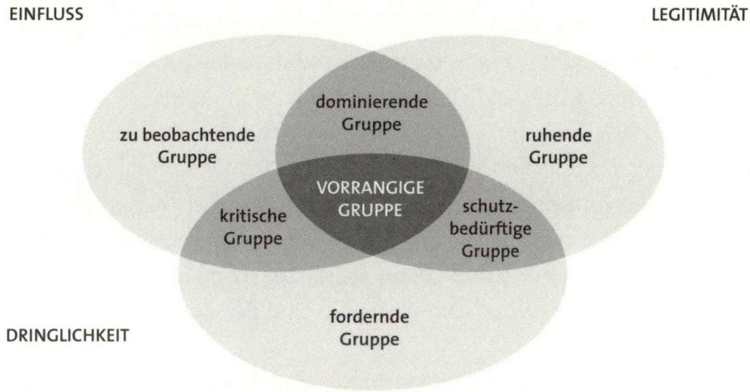

Abbildung 16: Bewertung interner Anspruchsgruppen für die Auswahl der Zielgruppe *nach Mitchell, Agle und Wood (1997)*

Allerdings ist zu beachten, dass es geboten ist, sämtlichen internen Zielgruppen, wenigstens ein Grundangebot an interner Kommunikation zu machen. Das bezieht sich einerseits auf Informationen zu internen Strukturen, Geschäftsprozessen oder auch Regeln, die schon deshalb notwendig sind, um Organisation und Betrieb aufrecht zu erhalten. Es bezieht sich aber auch auf ein Grundangebot an Dialogformen, das insbesondere abhängig beschäftigten Mitarbeitern gemacht wird. Die Verpflichtung, eine solche Grundkommunikation sicherzustellen, ergibt sich nicht zuletzt aus der normative Betrachtungsweise von interner Kommunikation. Wie so oft gilt der Grundsatz: Das eine tun ohne das andere zu lassen. Übersetzt heißt dies, eine Grundversorgung sicherstellen, aber zugleich auch einflussreiche Anspruchsgruppen mit dringlichen legitimen Interessen auswählen und besonders ansprechen.

Es bleibt die Feststellung, dass eine solche Identifikation und Analyse der Anspruchsgruppen sowie eine Prioritätenbildung oder Auswahl der Zielgruppen der internen Kommunikation eine kontinuierliche Managementaufgabe darstellt, die jeweils abhängig von der gewählten Unternehmensstrategie ist. Es kann notwendig sein, diese Analyse für Teilstrategien oder Projekte durchzuführen wie zum Beispiel die Optimierung des

Vertriebs als Bestandteil einer generellen Wachstumsstrategie. Die Interne Unternehmenskommunikation kann und muss also durchaus mit mehreren Zielgruppen-Sets gleichzeitig arbeiten.

Perspektivwechsel: Zielgruppen aus Sicht der Mitarbeiter

Wenn es beim externen Stakeholdermanagement darum geht, das Unternehmen in seinen gesellschaftlichen Bezügen zu erden, dann ist das interne Stakeholdermanagement darauf gerichtet, die Führungskräfte im Unternehmen zu erden und zugleich Organisationsmitglieder in die Lern- und Führungsprozesse des Unternehmens zu integrieren – nicht zuletzt mit Kommunikation. Diese Herleitung der Zielgruppen aus der Analyse der Anspruchsgruppen führt gedanklich zu einer zusätzlichen Perspektive für die Definition von Zielgruppen.

Typischerweise wird die Definition der Anspruchs- und – darauf aufbauend – der Zielgruppen für die interne Kommunikation aus der Top-Down-Perspektive vorgenommen. Vor allem wer von »Mitarbeiterkommunikation« spricht, macht schon rein sprachlich deutlich, dass es hier bewusst oder unbewusst um die Definition der Zielgruppen aus einer hierarchischen Sichtweise von oben nach unten geht.

Der interne Stakeholder-Ansatz führt jedoch dazu, dass diese Perspektive ergänzt wird um die komplementäre Sichtweise, nämlich Anspruchs- und Zielgruppen zugleich aus Sicht der Mitarbeiter zu definieren. Auf diese Weise sind schon in der Analyse der Anspruchsgruppen wechselseitige Kommunikationsprozesse und damit eine integrierte interne Unternehmenskommunikation angelegt.

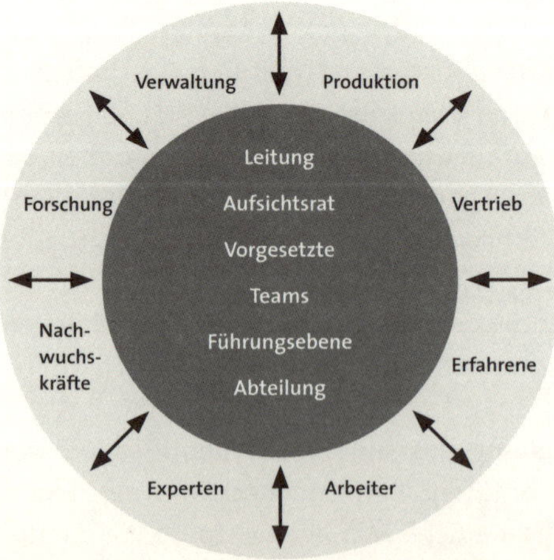

Abbildung 17: Anspruchsgruppen aus Führungs- und Mitarbeiterperspektive

Das bedeutet allerdings nicht, dass damit die Orientierung der Managementfunktion der Internen Unternehmenskommunikation an den Zielen der Unternehmensführung aufgegeben wäre. Vielmehr erlaubt der Perspektivwechsel »von unten nach oben« gerade neue Erkenntnisse für die Aufgaben der Führungskräftekommunikation *(vgl. Kapitel 7)*. Wer wird von wem in der Organisation bzw. im Unternehmen jeweils von oben nach unten und von unten nach oben als Anspruchsgruppe gesehen – diese offene Perspektive ermöglicht es der Führung, interne komplexe Prozesse nachzuvollziehen und letztlich effektiver zu kommunizieren.

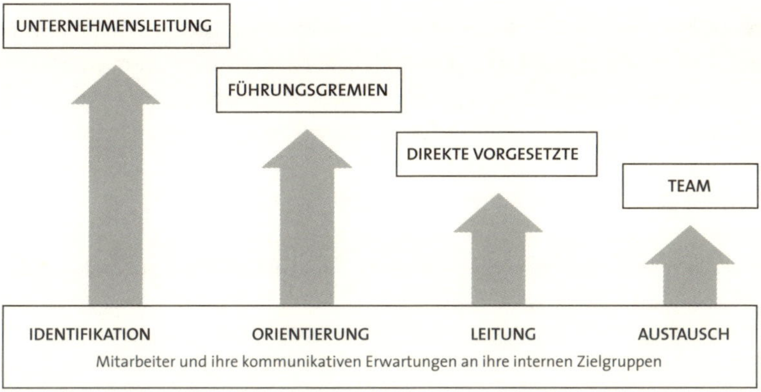

Abbildung 18: Anspruchsgruppen aus der Mitarbeiterperspektive

Fazit für die Interne Unternehmenskommunikation
Der Analyseprozess der Bezugsgruppen im Rahmen des internen Kommunikationsmanagements umfasst die folgenden Schritte:

1. Identifikation und Differenzierung der Anspruchsgruppen anhand ausgewählter Merkmale,
2. Bewertung der Anspruchsgruppen im Kontext der Unternehmensorganisation,
3. Bestimmung der Zielgruppen für die interne Unternehmenskommunikation aus der Analyse der Anspruchsgruppen.

Es ist deutlich geworden, das dieses Aufgabenfeld der Internen Unternehmenskommunikation mit der Größe und Komplexität des Unternehmens an Bedeutung gewinnt und sehr arbeitsintensiv sein kann. Das gilt umso mehr als die Analyse mit der Entwicklung des Unternehmens oder auch dem Lebenszyklus seiner wichtigsten Produkte regelmäßig aktualisiert werden muss. Anspruchsgruppen verändern sich in ihren Merkmalen und nicht zuletzt in ihrer internen Bedeutung, Konflikte entstehen neu oder verschwinden, die Dringlichkeit von Ansprüchen verändert sich und so weiter. Die Perspektive der internen »Stakeholder« bringt es mit sich, Einflüsse und Abhängigkeiten immer neu zu bestimmen und auszuwerten. Das ist faszinierend und anstrengend zugleich.

Lesehinweise

Einwiler, Sabine / Klöfer, Franz / Nies, Ulrich: »Mitarbeiterkommunikation«. In: Schmid, Beat F. und Lyczek, Boris (Hrsg.) (2006): »Unternehmenskommunikation. Kommunikationsmanagement aus Sicht der Unternehmensführung«. Wiesbaden, S. 217-256

Wer sich schnell über Mitarbeiterkommunikation informieren möchte, ist hier richtig. Im Hinblick auf die Zielgruppendifferenzierung vertreten die Autoren die Auffassung, dass es keine strategische Auswahl für die interne Kommunikation geben sollte.

Freeman, R. Edward (1984): Strategic Management: »A Stakeholder Approach«. Boston: Pitman Publishing Inc.

Nach wie vor die lesenswerte Pionierarbeit zum Thema Stakeholder Management.

Heger, Wolfram (2005): »Wertorientierte interne Unternehmungskommunikation in internationalen Unternehmungen. Gesamtkonzeption zur Planung, Umsetzung und Kontrolle; mit Fallstudie bei der DaimlerChrysler AG«. Münster, S. 109-114

Hier wird die Zielgruppenanalyse vor dem Hintergrund eines internationalen Konzerns in den Blick genommen.

Liebrich, Anja (2008): »Gestaltung einer diversitysensitiven internen Unternehmenskommunikation«. München

So sperrig wie der Titel liest sich diese Dissertation in Teilen, aber die Herleitung der Stakeholderanalyse für die Unternehmenskommunikation findet man selten.

Oelert, Jochen (2003): »Internes Kommunikationsmanagement. Rahmenfaktoren, Gestaltungsansätze und Aufgabenfelder«. Wiesbaden 2003, S. 25-62

Wer sich für den theoretischen Hintergrund interessiert, findet hier eine zusammenfassende Übersicht über die Grundlagen der zwischenmenschlichen Kommunikation.

Schick, Siegfried (2010): »Interne Unternehmenskommunikation«. 4., überarb. und aktualisierte Aufl. Stuttgart: Schäffer-Poeschel. S. 57-79
Praxisorientierte Hinweise zum internen «Netzwerkmanagement«.

Voß, Andreas und Röttger, Ulrike: »Individuenorientierte Veränderungskommunikation«. In: prmagazin 4/2008, S. 61 – 68

Zerfaß, Ansgar (2004): »Unternehmensführung und Öffentlichkeitsarbeit, Grundlegung einer Theorie der Unternehmenskommunikation und Public relations«. 2. Aufl. Wiesbaden
Grundlegendes zur internen und externen Stakeholderanalyse.

Kapitel 6
Umsetzung der Internen Unternehmenskommunikation: Themen gesteuerte Auswahl der Instrumente

Die Interne Unternehmenskommunikation muss klare Kriterien anlegen für die Auswahl ihrer Instrumente, denn der Hinweis auf den berühmten Medienmix hilft nicht weiter. Dazu wird hier angenommen, dass es die Inhalte und Themen sind, die vorgeben, welche Reichweite erforderlich ist, wie dringlich eine Maßnahme ist, wie viel Ausdruck und soziale Kompetenz notwendig sind und wie oft und in welcher Tiefe kommuniziert werden muss. Alle Medien haben dabei nach wie vor ihre Berechtigung, gedruckte, elektronische und persönliche Kommunikationsformen haben jeweils spezifische Stärken und Schwächen. Bei der Euphorie über die Möglichkeiten von Social Media wird leicht übersehen, dass sich in Organisationen prinzipiell alle Instrumente bzw. Medien sowohl für eine integrierte, konsistente Kommunikation als auch für experimentierende, Unsicherheiten ausdiskutierende Kommunikation eignen. Eines steht fest: Mit der Komplexität eines Themas und dem Grad der Betroffenheit der internen Zielgruppen muss der Anteil der direkten Kommunikation steigen. Die Interne Unternehmenskommunikation muss deshalb Führungskräfte bei ihren Kommunikationsaufgaben möglichst umfassend unterstützen.

Die Darstellung der Instrumente der internen Kommunikation prägt traditionell sowohl die einschlägige Literatur als auch die Praxis. Der Begriff der »Instrumente« wird im Folgenden als Oberbegriff für Kommunikationsmedien und deren besondere Anwendungsformen in der Internen Unternehmenskommunikation verwendet. Erhebungen zeigen immer wieder, dass sich auch die Kommunikationsverantwortlichen überwiegend über die Produktion von Mitarbeitermedien identifizieren. Dabei zeigt sich, dass die Bandbreite der Kommunikationsinstrumente stark zugenommen hat. Dementsprechend gibt es eine Reihe von Ansätzen, diese Instrumente zu ordnen. Dies kann zum Beispiel nach folgenden Kriterien erfolgen:

- Art der Medien (gedruckt, elektronisch, persönlich)
- Reichweite (individuell bis massenhaft)
- Zeitablauf (synchron und asynchron)
- Prioritäten (Leitmedien und Ergänzungsmedien)
- Dialoganteil (Einwege, Zweiwege, Dialog)

- Reichtum (Sprache, Ausdruck, Emotionalität)
- Situation (Regelkommunikation oder Krisenkommunikation)

Alle Kriterien sind als Ordnungshilfe sinnvoll und lassen sich mehrdimensional kombinieren.

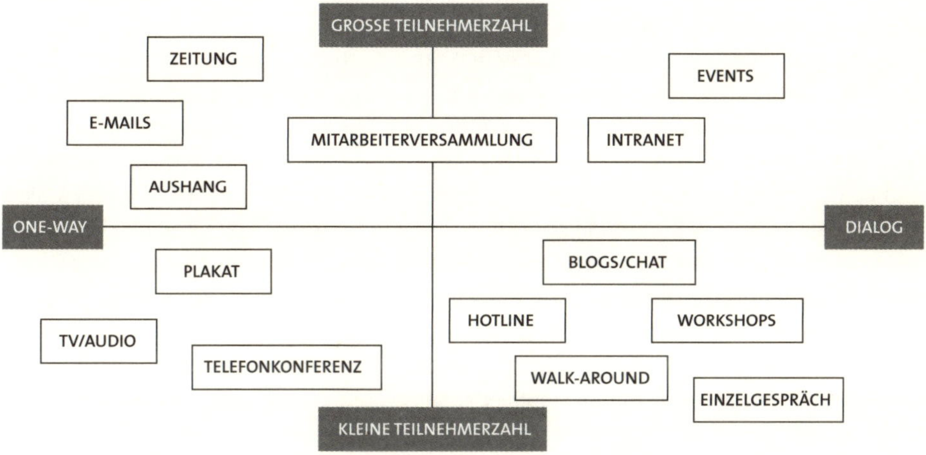

Abbildung 19: Bestandsaufnahme eines Instrumenten-Mixes

Solche Übersichten eignen sich besonders im Rahmen einer Bestandaufnahme sowie als Vorstufe einer detaillierten Stärken-Schwächen-Analyse für das jeweilige Unternehmen. Denn die Auswahl der Instrumente ist in höchstem Maße unternehmensspezifisch geprägt. Sie hängt ab von den jeweiligen Kommunikatoren, den Zielgruppen, den Infrastrukturvoraussetzungen, den Ressourcen, aber nicht zuletzt auch von gewachsenen Strukturen wie zum Beispiel traditionsreichen Mitarbeiterzeitungen.

Eine der traditionsreichsten Mitarbeiterzeitungen Deutschlands und heute als »tragende Säule« der weltweiten internen Kommunikation bezeichnet, ist der »Bosch-Zünder«. Die 1919 gegründete Mitarbeiterzeitung der Bosch-Gruppe erscheint in einer Auflage von 180.000 Exemplaren und in neun Sprachen: Englisch, Deutsch, Französisch, Spanisch, Portugiesisch, Tschechisch, Japanisch, Chinesisch und – seit Anfang 2008 – Türkisch. 2008 wurde der »Bosch-Zünder« bereits zum vierten Mal in Folge von der Deutschen Public Relations Gesellschaft (DPRG) als beste Mitarbeiterzeitung Deutschlands ausgezeichnet.

Deshalb lassen sich kaum generalisierende Aussagen zur Relevanz einzelner Instrumente treffen. Das ist nicht zuletzt darauf zurückzuführen, dass sich in Organisationen prinzipiell alle Instrumente bzw. Medien sowohl für eine integrierte, konsistente Kommunikation als auch für experimentierende, Unsicherheiten ausdiskutierende Kommunikation eignen. Dieser Gesichtspunkt wird in der Euphorie über die Möglichkeiten der neuen elektronischen Medien häufig übersehen.

Zum Beispiel kann ein Geschäftsführer in seinem Auftritt vor der Mitarbeiterversammlung sehr wohl zu erkennen geben, dass eine Entscheidung mit großen Unsicherheiten behaftet ist, dass es Zweifel gibt, ob nicht Alternativen besser sind und welche Gründe dafür und dagegen sprechen. Er kann zur Diskussion über reale und virtuelle Foren aufrufen und erst anschließend eine Entscheidung treffen, erklären und zur nächsten Diskussion stellen. Dies wäre eine Kommunikationsform, die der Denkweise und den Mechanismen von sozialen Medien wie Corporate Blogs zumindest sehr ähnlich ist. Ähnliches gilt für interne Veranstaltungsformate wie z. B. Mitarbeiter-Expos, auf denen Mitarbeiter eingeladen werden, mit einem eigenen »Messebeitrag« den Kollegen ihre Arbeitswelt näher zu bringen. Mit ihrem einfachen, weitgehend ungesteuerten Mitmach-Konzept liegen solche Formate ganz nah bei der Philosophie der Social Media, dort heißt sie nur »user-generated approach«. Deshalb ist es wichtig, zunächst zu klären, welche Kommunikationsform bzw. welcher Mix der Kommunikationsformen – zwischen konsistent und offen-interaktiv – adäquat mit Blick auf Unternehmen, Umfeld und Situation ist.

Ähnlich ist der bei der Frage nach den Instrumenten viel zitierte Praxistipp zu bewerten, der besagt, dass es auf den Medienmix ankommt bzw. auf crossmediales Kommunizieren. Das ist sicher in dieser Allgemeinheit zutreffend, aber lässt die Verantwortlichen mit der Aufgabe zurück, die jeweilige Mischung nun tatsächlich zu bestimmen. Folglich muss bei der Auseinandersetzung mit den Instrumenten vor allem die Frage im Vordergrund stehen, welchen Kriterien denn die Auswahl der geeigneten Instrumente folgen soll.

FORM	VORTEILE	NACHTEILE
Direkt/ Persönlich	• direktes Feedback • persönlich/emotional • Erfolgskontrolle • Vertraulichkeit	• zeitintensiv • störanfällig • personenabhängig • nicht dokumentiert
Print	• schnell • an alle • nachvollziehbar • dokumentiert • effizient	• undifferenziert • begrenzt dialogfähig • abstimmungsintensiv • relativ langsam
Online	• prinzipiell dialogfähig • selektiv • schnell an viele	• undifferenziert • nur für Online-Mitarbeiter • schnell konsumierbar

Abbildung 20: Medien in der Stärken-Schwächen-Analyse

Themen getriebene Auswahl der Instrumente

Entscheidend für die Wahl der Instrumente ist das Themen getrieben Vorgehen. Dieses Konzept geht davon aus, dass es die Inhalte bzw. Themen sind, die die Instrumente bestimmen. Denn es sind die Themen, die vorgeben, welche Reichweite erforderlich ist, wie dringlich eine Maßnahme ist, wie viel Ausdruck und soziale Kompetenz notwendig sind und wie oft und in welcher Tiefe kommuniziert werden muss.

Für diese Kommunikationsanforderungen gilt die Annahme, dass einfache Sachverhalte mit geringer Komplexität sich für eine reine Information über Print- oder Elektronik-Medien eignen. Dabei handelt es sich zum Beispiel um Informationen über Strukturen, über Organisationsregeln oder die Anwendung von EDV-Anwendungen. In unserer Definition wären dies Themen der formellen Kommunikation, die vor allem darauf gerichtet sind, dass das Unternehmen möglichst effizient läuft.

Komplexere Themen verlangen zusätzlich nach Dialogangeboten, angefangen von Telefonhotlines über Weblogs bis hin zur klassischen Fragerunde. Themen, die zusätzlich noch eine hohe Betroffenheit bei den Zielgruppen auslösen, vor allem wenn sie noch nicht abschließend entschieden sind, bedürfen zwingend der ausdrucksstarken persönlichen Kommunikation. Dabei ist dieser Zusammenhang als progressiv zu bewerten, das heißt je wichtiger das Thema und je höher die Unsicherheiten der Entscheidung, desto stärker muss der Anteil der persönlichen Kommunikation ausfallen. Dabei kann die persönliche Kommunikation beides: Einerseits Zweifel sichtbar machen und offene Kommunikationsprozesse bewusst anstoßen bzw. in Kauf nehmen oder andererseits mit der Autorität der Führung äußerst konsistent und keinen Widerspruch duldend ausgestaltet werden. Nicht jedes komplexe, wichtige Thema eignet sich für offene Dialoge, manchmal ist sogar das Gegenteil der Fall, zum Beispiel in existenziellen Krisensituationen, in denen intern vor allem eine klare Linie benötigt wird. Wichtig ist in jedem Fall bei schwierigen Themen, dass die interne Kommunikation einen klaren Schwerpunkt auf die Instrument der direkten, persönlichen Kommunikation legt.

Dass alle verfügbaren Instrumente selten alternativ, sondern regelmäßig kumulativ eingesetzt werden müssen, sieht man besonders dann, wenn komplexe Themen wie z. B. in Veränderungsprozessen über einen langen Zeitraum mit mehreren Phasen, in denen jeweils unterschiedliche Kommunikationsziele verfolgt werden, kommuniziert werden müssen.

Diese Themen können von der Unternehmensführung für die interne Kommunikation im Sinne der instrumentellen Kommunikation selbst gesetzt werden, in der informellen internen Kommunikation entstehen oder aus dem Umfeld herein getragen werden. Für alle Themen gelten die aus der Kommunikationswissenschaft bekannten inhaltlichen Aufmerksamkeitsregeln (i. W. Nachrichtenwert, Absender, Dringlichkeit) sowie die Regeln der zielgruppenspezifischen Durchdringung (i. W. einfach, argumentativ, wiederholend). Praxisstudien zeigen regelmäßig, dass eine große Mehrheit eine Nachricht über ihre

Unternehmen mindestens drei bis fünf Mal wahrnehmen muss, bevor sie denken, dass sie zutreffend sein könnte.

Beides zusammen, die inhaltliche Dimension bzw. Komplexität des Themas und die damit verbundenen Kommunikationsregeln bestimmen damit die Wahl der Instrumente. Weitergehende Konzepte sehen diesen Managementprozess nicht nur von Themen gesteuert, sondern über ganze (system)theoretische Konzepte wie zum Beispiel die Orientierung am Konzept des Vertrauens innerhalb von Organisationen. Für den Einsatz der Instrumente kommen aber auch diese Konzepte letztlich zu ähnlichen Ergebnissen wie das Themen getriebene Konzept.

Wichtig ist festzuhalten, dass der Einsatz der Instrumente als solcher nicht die Schlüsselstelle für effektive interne Kommunikation darstellt, sondern ihre Zuordnung zu Inhalten – seien es Themen, Botschaften oder ein Wertekonzept. Instrumente sind im besten Sinne des Wortes Werkzeuge, nicht mehr und nicht weniger.

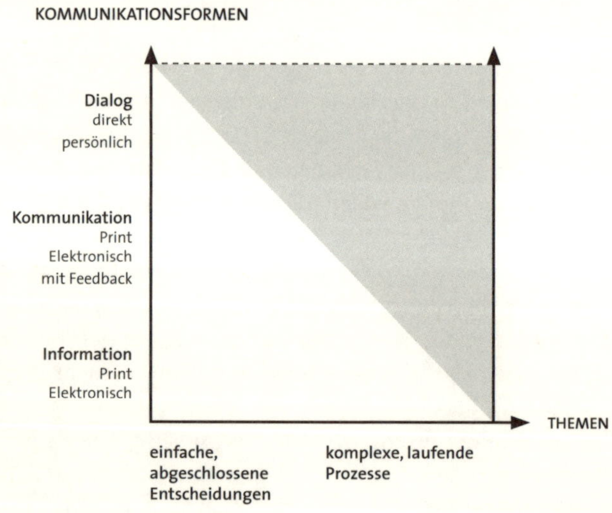

Abbildung 21: Medienreichtum in der Internen Kommunikation

Printmedien

Damit ist zugleich festgestellt, dass auch Printmedien – von der Mitarbeiterzeitschrift oder -zeitung über den Newsletter bis zum Vorstandsbrief – nach wie vor ihre Berechtigung im Instrumentenmix haben. Eine vergleichbar hohe Reichweite ist von anderen Medien kaum zu erzielen, auch nicht von E-Mails. Das ist vor allem dann der Fall, wenn die Verteilung nicht nur am Arbeitsplatz erfolgt, sondern durch Postaussand »nach Hause«. Das gilt vor allem für produzierende Unternehmen, die nicht alle Mitarbeiter regelmäßig über elektronische Medien erreichen. Sind darüber hinaus aufgrund eines Themas zum Beispiel im Zusammenhang mit dem Standort als wichtige Zielgruppen Rentner oder Familienmitglieder identifiziert, sind Printmedien unverzichtbar.

Neben der Reichweite spricht für sie, dass sie sich wie kein zweites Medium für das Erklären komplexer Inhalte eignen. Mitarbeiterpublikationen, die nur noch im pdf-Format in den Downloadbereich des Intranets gestellt werden, können diese Vorteile bzw. den medialen Reichtum des Printmediums nicht mehr erreichen und stellen das Format einer Mitarbeiterzeitung insgesamt in Frage. So ist es nicht verwunderlich, dass viele Unternehmen, die ihre Mitarbeiterzeitung nicht zuletzt aus Kostengründen auf eine rein elektronische Form umgestellt haben, nach einiger Zeit wieder zurück zur gedruckten Version wechseln.

Eine ähnliche »Revolution« lässt sich auch beim Einsatz von E-Mails erkennen. Je stärker Unternehmen sich damit beschäftigen, der E-Mail-Flut Herr zu werden und dazu entsprechende E-Mail-Regeln aufzustellen, desto wertiger werden Printprodukte wahrgenommen. Das berühmte E-Mail vom Vorstand oder CEO, das zwar schnell und weitreichend ist, unterliegt derselben inflationären Wirkung wie die E-Mail-Korrespondenz insgesamt. Das heißt nicht, dass E-Mails ihre Berechtigung in der internen Kommunikation verlieren, aber für wichtige Themen sind sie oft nur noch begrenzt oder als ein ergänzendes Medium einsetzbar. Printmedien – selbst wenn sie aufgrund von Eilbedürftigkeit eher schlank und unaufwändig daherkommen – signalisieren dagegen, dass das Thema der Unternehmensführung etwas Wert ist.

Ähnliches gilt für interne Kampagnen, in denen eine neue Unternehmensmarke, neue Werbekonzepte oder das Branding des »Brot-und-Butter-Produktes« neben den externen Zielgruppen auch den internen Zielgruppen erklärt und emotional näher gebracht werden soll. Ohne »anfassbare« Medien, vor allem Printprodukte jeder Art, sind solche internen Kampagnen unvorstellbar.

Elektronische Kommunikation: Intranet

Dass das Intranet sich zu einem Leitmedium der internen Kommunikation entwickelt hat, ist eine Binsenweisheit, die allerdings nicht davon entbindet, auch dieses Instrument einer unternehmensspezifischen SWOT-Analyse zu unterziehen.

Die internationale Fachdiskussion zeigt dazu ein paar eindeutige Argumentationsmuster. Eines davon lautet, dass das Intranet der zweiten und dritten Generation vor allem eines sein sollte, nämlich schlank. Vollständigkeit und Komplexität sind dagegen eher Kriterien, die IT-Techniker anlegen und die das Intranet der ersten Generation geprägt haben. Heute geht es um ein von unnötigem Ballast entschlacktes Intranet, das möglichst auf Funktionen, Gruppen oder Individuen zugeschnittene Informationen zur Verfügung stellt. Das bedeutet in vielen Fällen zugleich das Ende der dezentral gepflegten Intranets, in der jede Abteilung, jedes Referat oder jede Gruppe ihre eigene Spielwiese hat. Trotz eines zentralen »supervisors« stößt dieses Konzept der dezentral verantworteten Inhalte schnell ans seine Grenzen, sprich es endet in der Praxis häufig in einer unübersichtlichen Datenflut, in der das Intranet vielleicht noch als Serviceinstrument taugt, jedoch nicht mehr als Schlüsselinstrument der Unternehmenskommunikation. Wie so oft ist auch bei der Ausgestaltung des Intranets die richtige Mischung aus Zentralität und Dezentralität nur schwer zu finden. Ein schlankes Intranet mit einer starken zentralen Verantwortung entspricht den aktuellen Anforderungen der Internen Unternehmenskommunikation und damit den gewünschten Kommunikationszielen jedoch insgesamt viel besser als die dezentral organisierten Spielwiesen.

Auch wenn es auf den ersten Blick wie ein Widerspruch aussieht: Mit dem Entschlacken bzw. dem Relaunch eines schlanken Intranets einher geht der zweite eindeutige Trend, nämlich die Integration von Audio- und vor allem TV- bzw. Videoformaten. Dies liegt vor allem daran, dass elektronische Medien, die bewegte Bilder liefern, also vor allem das Web-Fernsehen oder Online-Videos, die wichtige direkte Kommunikation unterstützen oder dort ersatzweise liefern, wo der persönliche Auftritt nicht möglich ist. Das Online-Video ersetzt die alten Ansätze des Unternehmensfernsehens und macht es mittels Internet zu einem schnellen Massenmedium der internen Kommunikation. Die Bandbreite dieses Instruments reicht von der einfachen Aufnahme eines Statements oder einer Rede bis hin zu Magazinen oder Filmen.

Der technische Aufwand kann dabei beliebig hoch sein. Abgesehen von den Fragen, wie viele Kameras einzusetzen sind, welche Räume sich als Studio eignen oder welche Fileformate und -größen beispielsweise im jeweiligen Contentmanagementsystem für das Intranet verwendet werden können – abgesehen davon bedeutet der Einsatz von Online-Videos vor allem ein hohes Maß an redaktioneller Arbeit. Redaktionelle Formate müssen festgelegt werden, Texte geschrieben, Szenen entwickelt, Visualisierungen und Sprecher ausgewählt und letztlich eine eigene Corporate Identity für Videos geschaffen werden. Diese redaktionelle, an Inhalten orientierte Arbeit, die mit Web-TV bzw. Videoproduktion verbunden ist, wird häufig unterschätzt, die Bedeutung der technischen Umsetzung dagegen überschätzt. Ein Video, das den Vorstandsvorsitzenden in einem achtminütigen Monolog zeigt, kann technisch noch so ausgereift sein – einen Mehrwert erzielt es nicht.

Dennoch gilt: Bewegte Bilder über Online-Videos können einen wichtigen Beitrag liefern, um die interne Kommunikation emotional aufzuladen. Sie können insbesondere im Rahmen von Web 2.0 Anwendungen Dialoge anregen und damit die Kommunikationskultur insgesamt befördern, nicht zuletzt weil sie ein sichtbares Zeichen sind, dass es der Unternehmensführung etwas wert ist, mit den Mitarbeitern zu kommunizieren. Das setzt aber ein klares Verständnis über den Einsatz dieses Instruments voraus, wenn es den möglichen Mehrwert in der Kommunikation liefern soll.

SAP war 1999 das erste Unternehmen in Deutschland, das seinen Mitarbeitern ein netzbasiertes Firmenfernsehen angeboten hat. SAP TV startete als klassisches Magazinformat (20 Minuten) in deutscher und englischer Sprache und zu halbstündlich festgelegten Sendezeiten. Anfang 2002 wurde das Programm von der Produktionsfirma Bavaria Film Interactive und SAP auf monothematische Beiträge in einer Länge von vier bis sechs Minuten umgestellt. Eine signifikante Verbesserung der Zugriffszahlen war die Folge. Im Rahmen des Forschungsvorhabens »Einsatz und Akzeptanz von Corporate TV« wurde im Mai 2007 eine qualitative Studie mit internen Fokusgruppen durchgeführt und darauf aufbauend ein weltweiter Intranetfragebogen erstellt, um herauszufinden, wie Akzeptanz und Nutzen von SAP TV optimiert werden kann.

Interne Kommunikation 2.0

»Social Media« haben die interne Kommunikation genauso erobert wie die externe Kommunikation. Marktforschungserhebungen zeigen, dass international die Zahl der Nutzer von Social Media die Zahl der E-Mail-Nutzer bereits deutlich übersteigt. Der Begriff »Social Media« dient hier als Sammelbezeichnung für Weblogs (Aufzeichnungen eines Autors, die von Lesern kommentiert werden können), Social-Networking-Plattformen (Webapplikationen zum Herstellen von Kontakten), Wikis (Inhalte, die von Nutzern kollaborativ erstellt und geändert werden können), Podcasts (Audio- oder Videodateien zum Downloaden) sowie weiteren Softwaretechnologien (RSS, Mash-ups etc.).

Empirische Erhebungen zeigten anfangs, dass die Dialog orientierten Instrumente wie Blogs in der internen Unternehmenskommunikation sogar häufiger angesetzt wurden als in der externen Kommunikation, weil deren Risikopotenzial in der internen Kommunikation offenbar geringer geschätzt wurde. Dies hat sich inzwischen relativiert, da die Unterscheidung zwischen internen und externen Plattformen kaum noch möglich ist. Mitarbeiter treffen sich untereinander mit zugleich mit externen Gesprächspartnern bei Facebook, Xing oder Twitter. Neuste empirische Erhebungen zeigen, dass Unternehmen ihre eigenen Web 2.0-Aktivitäten im Schwerpunkt auf diese externen Plattformen stützen, während zum Beispiel eigene Corporate Blogs nur eine untergeordnete Rolle spielen. Es entstehen hybride Plattformen für externe und interne Öffentlichkeiten, so dass sich die Frage der »Kontrollierbarkeit« nicht mehr stellt, die der Risikoabschätzung für die »echte« interne Kommunikation dafür umso mehr.

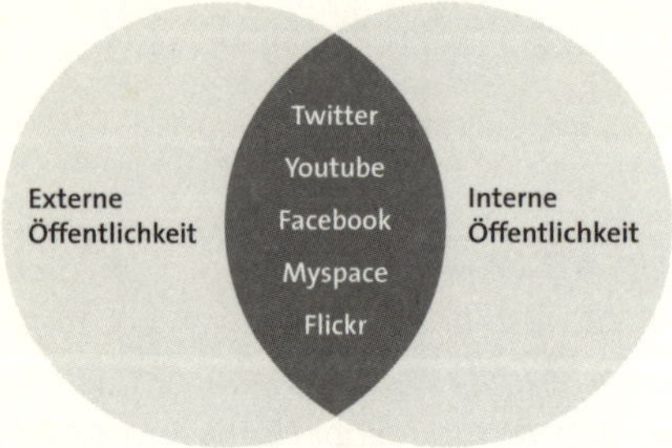

Abbildung 22: Hybride Plattformen zwischen externer und interner Öffentlichkeit

Schließlich gilt der Grundsatz, dass Mitarbeiter das Bild eines Unternehmens in der Öffentlichkeit entscheidend mit prägen, in jeder Hinsicht. In der Web 2.0-Welt bedeutet dies unter Umständen, dass jeder einzelne eine traditionsreiche Marke binnen kürzester Zeit wertlos machen kann. Vom »Reputationsrisiko Mitarbeiter« ist die Rede. Unternehmen insbesondere mit internationalem Hintergrund beginnen deshalb, Regeln für das Verhalten ihrer Mitarbeiter in Social Media aufzustellen – ganz gleich ob dies während oder außerhalb der Dienstzeit erfolgt. Diese Ansätze reflektieren zugleich die Einsicht, dass es ohne ein eigenverantwortliches Handeln der Mitarbeiter keine wirksame Risikovorsorge gibt. Ein umfassendes Monitoring ist nur mit erheblichem Aufwand möglich, es kann zwar als Frühwarnsystem dienen, aber letztlich keine erhöhte Sicherheit beispielsweise für den Schutz der Marke herstellen. Juristische Abmahnungen gegen Social Media Betreiber oder Autoren haben sich zudem als gänzlich ungeeignet erweisen, sie führen vor allem zu weiteren negativen Äußerungen oder Kampagnen im Netz.

IBM Social Computing Guidelines: Executive Summary (eigene Übersetzung)
http://www.ibm.com/blogs/zz/en/guidelines.html

1. *Seien Sie sich der Business Conduct Guidelines bewusst und handeln Sie entsprechend.*
2. *Mitarbeiter sind persönlich verantwortlich für die Inhalte, die sie auf Blogs, Wilds und allen anderen Formen von Nutzer generierten Medien veröffentlichen. Denken Sie daran, dass das, was Sie veröffentlichen, für lange Zeit öffentlich ist – schützen Sie Ihre Privatsphäre.*

3. *Identifizieren Sie sich mit Namen und, wenn es relevant ist, mit Ihrer Rolle bei IBM, wenn Sie sich über IBM und IBM-bezogene Themen äußern. Machen Sie klar, dass Sie für sich selbst und nicht für IBM sprechen.*
4. *Wenn Sie außerhalb von IBM auf einer Website publizieren, das etwas mit IBM oder Ihrer Arbeit zu tun hat, verwenden Sie einen Disclaimer wie zum Beispiel: »Die Angaben auf dieser Seite sind meine persönliche Meinung, sie entspricht nicht notwendigerweise der Position, Strategie oder Meinung von IBM«.*
5. *Respektieren Sie Urheberrechte und finanzielle Offenlegungsgesetze.*
6. *Veröffentlichen Sie keine geheimen und vertraulichen Informationen von IBM und anderen. Fragen Sie um Erlaubnis, bevor Sie über private und IBM-interne Gespräche berichten.*
7. *Sprechen Sie nicht über Kunden, Partner oder Zulieferer ohne deren Zustimmung. Wenn Sie sich auf Äußerungen von Dritten beziehen, nennen Sie den Link zu der zitierten Quelle!*
8. *Zeigen Sie Respekt! Vermeiden Sie ethnische und persönliche Verunglimpfungen, obszöne Ausdrücke und jegliches Verhalten, das an ihrem Arbeitsplatz nicht geduldet wird. Seien Sie vorsichtig mit der Privatsphäre anderer und mit Themen, die anstößig und konfliktbehaftet sind, wie Politik und Religion.*
9. *Finden Sie heraus, wer sich in dieser Weise in Blogs oder Foren äußert und prangern sie ihn an.*
10. *Seien Sie sich Ihrer Verbindung zu IBM in sozialen Netzwerken bewusst. Wenn Sie sich als Mitarbeiter zu erkennen geben, stellen Sie sicher, dass Ihr Profil und Ihre Inhalte im Einklang damit stehen, wie Sie sich auch Ihren Kollegen und Kunden gegenüber präsentieren.*
11. *Zetteln Sie keinen Streit an. Seien Sie der Erste, der eigene Fehler korrigiert. Verändern Sie nicht Ihre vorherigen Einträge ohne dass sie es kenntlich machen.*
12. *Versuchen Sie, nützliche Informationen und Ansichten weiterzugeben. Die Marke IBM wird am besten von Ihren Mitarbeitern repräsentiert, und das, was Sie veröffentlichen, kann auf die Marke abstrahlen.*

Haben Sie Verhalten oder Inhalte bemerkt, die nicht im Einklang mit diesen Richtlinien stehen? Melden Sie unangemessenes Social Computing mit dieser E-Mail-Funktion!

Aber auch beim gezielten, aktiven Einsatz von Social Media im Rahmen der integrierten Unternehmenskommunikation gibt es Fallstricke für die Praxis. Sie hängen damit zusammen, dass eine interne Kommunikation, die stark von offenen Diskussionsprozessen, von

»Mitmachen« statt Zusehen geprägt ist, erhebliche Unsicherheiten erzeugen kann. Es ist ja gerade das Merkmal von Social Media, dass sie geeignet sind, Individualität und Autonomie von Organisationsmitgliedern zu stärken und die Möglichkeiten zur Partizipation auszuweiten. Wie alle Organisationen brauchen Unternehmen und ihre internen Zielgruppen jedoch eigentlich möglichst viel Sicherheit, vor allem Vertrauen in Entscheidungen. Die Angst, dass intern etwas anderes kommuniziert wird als extern oder umgekehrt, ist nur vordergründig darauf zurückzuführen, dass rechtliche Konsequenzen der Börsenaufsicht drohen oder Kunden in die Irre geführt werden oder gar nur ein unprofessioneller Eindruck entsteht. Der eigentliche Grund ist die Angst vor Unsicherheit, vor mangelnder Akzeptanz und vor Vertrauensverlust, wenn Entscheidungen nicht eindeutig begründbar sind und Hierarchien durch Netzwerke jederzeit hinterfragt werden können.

Wie so oft geht es also bei der Wahl des Medien- bzw. Instrumentenmixes darum, die richtige Balance zu finden. Wie viel Unsicherheit muss man zeigen, um glaubwürdig zu sein? Welche Grenze darf nicht überschritten werden, um die Organisation nicht zu destabilisieren? Wie stark muss die Kommunikation aus einem Guss sein und sollte keine Vielstimmigkeit zulassen? Wo ist es sinnvoll und hilfreich, dass offene Diskussionen stattfinden, die das Pro und Contra von Entscheidungen diskutieren? Diese Fragen lassen sich wiederum ohne das konkrete Thema, um das es geht, nicht beantworten. Hier schließt sich der Kreis. Das Paradoxon von der »Offenen Kohärenz« beschreibt diese letztlich nicht abschließend auflösbare Managementfrage der Internen Unternehmenskommunikation.

So ist es kein Wunder, dass die ersten ernsthaften Analysen der Wirkungsweisen von Social Media in der internen Kommunikation zu differenzierten Schlussfolgerungen kommen. Umfragen zeigen beispielsweise, dass Social Media dann besonders positiv in der Bewertung ihrer kommunikativen Leistungen abschneiden, wenn sie isoliert beurteilt werden. Werden sie dagegen im direkten Vergleich mit traditionellen Kommunikationsinstrumenten bewertet, so schneiden sie deutlich schlechter ab. Als Fazit hat sich mittlerweile der Hinweis eingebürgert, dass es auf eine »blended internal communication« ankommt, sprich eine Mischung aus konventionellen und elektronischen Instrumenten, die sich gegenseitig ergänzen und verstärken.

Instrumente der direkten Kommunikation: Interne öffentliche Arenen

Jede persönliche Kommunikation, die das Vier-Augen-Gespräch verlässt, stellt eine Arena der internen Öffentlichkeit dar. Wie oben gezeigt ist damit das reichste Instrument der internen Kommunikation aufgerufen, aber zugleich das risikoreichste. Denn der Begriff der Arena im Zusammenhang mit der internen Kommunikation macht deutlich, dass auch hier die Gesetze öffentlicher Arenen insgesamt gelten, nämlich genaue Beobachtung, direktes Feedback, viele starke Eindrücke, Emotionalität.

Der Katalog der Instrumente in diesem zentralen operativen Feld ist auf den zweiten Blick ebenso vielfältig wie es die elektronische Kommunikation auf den ersten Blick ist.

Dazu gehören z. B.:

- Betriebsversammlung
- Abteilungsversammlung
- Führungskräftetreffen
- Großgruppenveranstaltungen
- Townhall-Veranstaltungen
- Gang durch die Flure
- Runder Tisch
- Workshops
- Fragerunde
- Frühstückstreffen / Lunchtermine
- Leadership Listening Tours
- Fortbildungen / Trainings
- Besichtigungen
- Mitarbeiter-Ausstellungen / Expos

Das »Management der Managementkommunikation« ist eine zwar entdeckte, aber noch unterentwickelte Disziplin der internen Unternehmenskommunikation. Sie besteht im Wesentlichen darin, systematisch solche Arenen der direkten Kommunikation zu entwickeln und einzuführen. Parallel dazu sind Führungskräfte bei der direkten, persönlichen Kommunikation mit den geeigneten Instrumenten operativ zu unterstützen z. B. durch Präsentationen, Redetexte, Kernbotschaften, Trainings. Um eine Kommunikationskaskade zu organisieren, in die mehrere Führungsebenen einbezogen werden, sind darüber hinaus verbindliche Zeitleisten und ebenso verbindliche Feedbackprozesse notwendig. Nur wenn sichergestellt ist, dass aus den dezentralen bzw. hierarchisch niedrigeren Arenen der direkten Kommunikation wiederum ein Feedback an die oberen Führungsebenen gelangt, ist das Ziel einer Kommunikationskaskade erfüllt. Sie bedeutet nämlich nicht eine reine Top-Down-Information, sondern das Organisieren eines Kommunikationsprozesses im Gegenstromprinzip. Führungskräfte sollten in diesem Sinne deshalb auch dabei unterstützt werden, Feedbacks zu sammeln und auszuwerten, sei es durch das Bereitstellen eines entsprechenden elektronischen Templates, die nach einer Mitarbeiterversammlung nur ausgefüllt werden müssen, sei es durch das Organisieren von Blogs oder Audio- bzw. Videoaufnahmen oder das Bereitstellen von Fragebögen.

Management der Managementkommunikation

- *Regelmäßige Dialogforen zwischen Vorstand und Führungskräften unterstützen*
- *Kommunikationsmaterial und -medien zur Verfügung stellen (z. B. Präsentationsunterlagen, Textmodule, Redemodule, Q&As)*
- *Kommunikationskaskade einfordern und unterstützen (Organisation, Zeitpläne, Feedbackschleife, aktualisiertes Material)*
- *Foren für die direkte Kommunikation zwischen Führungskräften und Mitarbeitern schaffen (Dialog- und Veranstaltungsformate entwickeln und anbieten)*
- *Führungskräftekommunikation selbst zum Gegenstand der internen Kommunikation machen (Best-practise-Berichte, Reportagen)*
- *Kommunikationstrainings anbieten*

Lesehinweise

Beißwenger, Achim (2006): »Am Anfang war das Bild: Einführung, Einsatz und Trends von Corporate TV«. In: Mickeleit, T. und Ziesche, B. (Hrsg.): »Corporate TV – Die Zukunft des Unternehmensfernsehens«. Berlin, S. 99-116

Dörfel, Lars und Arndt, Susanne (2008): »Instrumente und Techniken der internen Kommunikation. Trends, Nutzen und Wirklichkeit«. 1. Aufl. Berlin: scm c/o Prismus
Praktiker diskutieren Vor- und Nachteile einzelner Instrumente.

Einwiller, Sabine / Klöfer, Franz / Nies, Ulrich (2006): »Mitarbeiterkommunikation«. In: Schmid, Beat F. und Lyczek, Boris (Hrsg.): »Unternehmenskommunikation. Kommunikationsmanagement aus Sicht der Unternehmensführung«. Wiesbaden, S. 217-256
Lesenswerte Einführung in die Themen betriebener internen Unternehmenskommunikation.

Hoffmann, Claus und Lang, Beatrix (2008): »Das Intranet. Erfolgreiche Mitarbeiterkommunikation«. 2. Aufl. Konstanz: UVK Verl.-Ges.
Ein viel verwendetes Lehrbuch mit Fallbeispielen und Praxistipps

Mickeleit, Thomas (2007): »Das Intranet der dritten Generation«. In: Piwinger, Manfred und Zerfaß, Ansgar: »Handbuch Unternehmenskommunikation«. Wiesbaden, S. 499-510

Kapitel 7
Führungskräftekommunikation: Aufbau und Einsatz von Meinungsführern durch die Interne Unternehmenskommunikation

Führungskräfte sind maßgebliche Ansprechpartner und Meinungsführer bei der Vermittlung der Unternehmensstrategie, von Sinn und Unumgänglichkeit anstehender Veränderungen sowie deren Durchsetzung. Dabei hat die Führungskräftekommunikation drei Ansatzpunkte. 1. Die Kommunikation der Führungskräfte mit ihren Mitarbeitern. Sie muss sich vor allem auf die persönliche Kommunikation stützen. Denn diese ermöglicht einen Dialog, der zu einem direkten Austausch von Meinungen führt und unmittelbar auf mögliche Missverständnisse eingehen kann. Unklarheiten können durch Rückfragen sofort beseitigt werden. In der persönlichen Auseinandersetzung über Themen des Unternehmensalltags sind Mitarbeiter wie Führungskräfte eher bereit, ihre Meinung zu überprüfen und Argumente anzunehmen. 2. Die Kommunikation des Topmanagements oder auch CEO-Kommunikation mit den Führungskräften. Ihr Ziel ist die Stärkung der Gefolgschaft und die Durchsetzung der Unternehmensstrategie. Divergierende Sichtweisen und Bereichsegoismen sollen auf ein gemeinsames Selbstverständnis und damit auf kongruente Prozesse im Sinne der Unternehmensziele ausgerichtet werden. Die Führungsmannschaft wird auf diese unternehmerischen Ziele verpflichtet und in ihrer Rolle als Vermittler und Multiplikatoren gegenüber ihren Mitarbeitern gestärkt. 3. Die CEO-Kommunikation direkt mit den Mitarbeitern. Sie hat die Wahrnehmbarkeit bzw. die Erlebbarkeit des Topmanagements bei den Mitarbeiter zum Ziel. Wenn diese der Meinung sind, dass die Unternehmensführung weiß, was an der Unternehmensbasis los ist, stärkt das ihre Glaubwürdigkeit und dadurch die Mitarbeiterbindung. Dies wiederum wirkt sich positiv auf die Produktivität aus und gewährleistet in Zeiten der Veränderung die Gefolgschaft von einem Status quo in einen anderen.

Führung ist eine Managementaufgabe und sie ist eine Kommunikationsaufgabe. Führungskräfte müssen über eine Reihe sehr unterschiedlicher Fähigkeiten verfügen, wenn sie ihrer Managementaufgabe gerecht werden wollen. In der klassischen Managementlehre werden als Grundlage für die erfolgreiche Bewältigung dieser Aufgabe drei Kompetenzfelder identifiziert: Die technische, die konzeptionelle und die soziale Kompetenz. Letztere zielt auf die Fähigkeit zur Zusammenarbeit und auf die Fähigkeit, andere anleiten zu können. Stichwörter wie Teamfähigkeit, Empathie oder interkulturelles Verstehen zählen zu dieser Kompetenz und eben auch Kommunikationsvermögen. Inzwischen findet man aber auch Ansätze, die kommunikative Kompetenz aus dem Kanon der sozialen Kompetenz auszugliedern und als selbständige vierte Dimension zu betrachten.

Diese Herangehensweise zollt der Entwicklung der letzten 20 Jahre Rechnung, in denen die Begleitumstände der alltäglichen Führungsaufgaben durch die vielfältigen Veränderungsprozesse in Wirtschaft und Gesellschaft sehr viel komplexer und diffiziler geworden sind. Dazu zählen schwer durchschaubare Strukturen und Informationen, deren Verbindlichkeit einen geringen Halbzeitwert haben und damit einen hohen Grad an Unsicherheit mit sich bringen. Bei all diesen Unwägbarkeiten und Widersprüchlichkeiten sollen Führungskräfte jedoch unverändert zielsicher entscheiden, Prozesse im Sinne der Unternehmensstrategie vorantreiben und ihre Mitarbeiter auf diese Prozesse ausrichten. Das war schon immer eine Aufgabe, bei der die Kommunikation eine bedeutende Rolle spielte. Doch inzwischen ist sie aufgrund der beschriebenen Begleitumstände zur Schlüsselrolle geworden. Die Wirksamkeit der Steuerungs- und Entscheidungsprozesse steht und fällt mit der Kommunikation. Führungskräfte sind maßgebliche Ansprechpartner und Meinungsführer bei der Vermittlung der Unternehmensstrategie, von Sinn und Unumgänglichkeit anstehender Veränderungen sowie deren Durchsetzung.

Führungskräfte bei ihrer Führungsaufgabe unterstützen

Wenn Mitarbeiter in das Unternehmensgeschehen nicht ausreichend eingebunden und informiert sind, versuchen sie, ihren Informationsdurst aus inoffiziellen Quellen zu stillen, die jedoch nicht notwendigerweise die Position des Managements wiedergeben. So werden diese Informationen nach Gutdünken interpretiert, was zu einem Verlust der Deutungsmacht seitens des Managements führt. Im schlimmsten Fall werden die gefundenen Informationen aus Unkenntnis oder weil es nur Teilinformationen sind falsch interpretiert und lassen womöglich nur noch die Kündigung des Arbeitsverhältnisses als Lösung erscheinen. Es müssen also ausreichend offiziell autorisierte Informationen zur Verfügung stehen.

Dabei ist jedoch auf inhaltlich und zeitlich aufeinander abgestimmte Kommunikationskanäle zu achten und für eine ausgewogene Kommunikation Sorge zu tragen, die mediale Formen (Print, elektronisch) mit Instrumenten der persönlichen Kommunikation verbindet. Denn die vielerorts gut gemeinte schlichte Flut von Instrumenten und Darstellungen fördern nicht die Transparenz, sondern verwirren und ermüden nur.

Die Aufgabe der Internen Kommunikation ist es, die Führungskräfte bei der Personalführung flankierend zu unterstützen. Zum Einen muss sie ausreichend und geeignet aufbereitete Informationen zur Verfügung stellen, damit die Führungskräfte den Informations- und Kommunikationsansprüchen ihrer Mitarbeiter gerecht werden können. Zum

Anderen muss sie dabei helfen, die Kommunikation zwischen beiden Parteien möglichst effizient und effektiv zu gestalten.

Aber genau an dieser Stelle scheint in vielen Unternehmen seit langem ein wesentlicher Diskussionspunkt zu liegen. Denn offenbar werden Faktoren wie »ausreichend« Informationen oder Effektivität und Effizienz der Kommunikationsgestaltung bei mancher durch das Tagesgeschäft gestressten Führungskraft anders interpretiert als durch die Verantwortlichen der Internen Unternehmenskommunikation. Möglicherweise hängt dieser Umstand damit zusammen, dass Letztere oft hoffen, durch ein Maximum an Information über ein Maximum an Kanälen auch die letzte Führungskraft von ihrer Kommunikationsaufgabe überzeugen zu können. Doch was die Mitglieder des Managements wollen, sind knappe und prägnante, wirklich wichtige Inhalte, die individuell abrufbar sind. Denn auch Führungskräfte haben eine begrenzte Aufnahmekapazität und ignorieren einfach ein Mehr an Input. Und wenn die Informationsangebote nicht nach ihrem Bedürfnis aufbereitet sind, interpretieren sie die Inhalte nach Gutdünken, so wie es, zwar unter anderem Vorzeichen, auch die Mitarbeiter tun. Damit hätte die Interne Kommunikation erneut die Steuerung der Interpretation von Inhalten im Sinne der Unternehmensziele aus der Hand gegeben.

Allerdings hört man in vielen Abteilungen der Internen Unternehmenskommunikation ebenso oft auch die Klage über eine mangelnde Kommunikationskompetenz mancher Führungskräfte, der man auch mit noch so effektiv und effizient eingesetzten Kommunikationskanälen nicht beikommen könne. Beklagt wird dabei vor allem die mangelnde Bereitschaft dieser Führungskräfte zuzuhören und sich dem Sprachgebrauch der Kommunikationsprofis aus der Unternehmenskommunikation zuverlässig anzupassen. Nun wer weiß, vielleicht hängt dieser Umstand damit zusammen, dass die Führungskräfte ihrerseits das Einfühlungsvermögen in ihre Belange rund um ihr Tagesgeschäft und die Aufbereitung prägnanter und klarer Inhalte vermissen könnten.

Ansatzpunkte für die Führungskräftekommunikation

Die Führungskräftekommunikation hat drei Ansatzpunkte, die die Interne Unternehmenskommunikation aufgreifen beziehungsweise unterstützen muss:

1. Die Kommunikation der Führungskräfte mit ihren Mitarbeitern,
2. die Kommunikation des Topmanagements oder auch CEO-Kommunikation mit den Führungskräften und
3. die CEO-Kommunikation direkt mit den Mitarbeitern

Unter dem für jede Kommunikationsstrategie zentralen Aspekt der Zielgruppenansprache geht es bei der Führungskräftekommunikation also um folgendes:

1. die über zwei (vernetzte) Stränge laufende Kommunikation in Richtung der

Zielgruppe Mitarbeiter, nämlich die Kommunikation des Topmanagements sowie die des direkten Managements
2. die Kommunikation des Topmanagements in Richtung der Führungsmannschaft

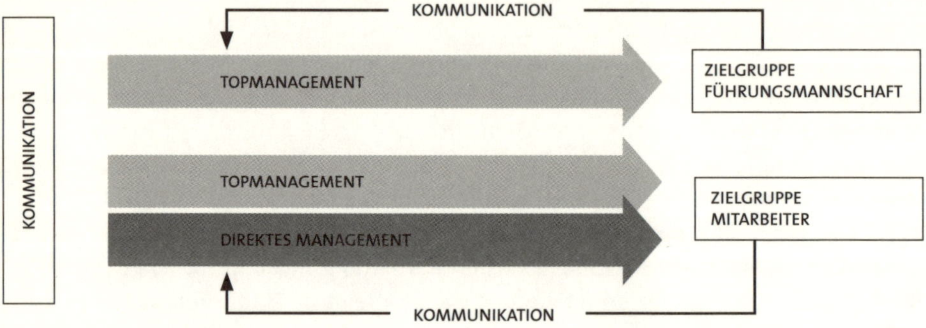

Abbildung 23: Zielgruppenaspekte der Führungskräftekommunikation

Die Kommunikation der Führungskräfte mit ihren Mitarbeitern

Unternehmensinterne Kommunikation ist eine Aufgabe, die auf vielen Schultern ruhen muss. Die Führungskräfte sollten daher bewusst und gezielt eingebunden werden. Sie gelten in den Augen der Mitarbeiter schon allein durch ihre Funktion als Meinungsführer. Ob sie es wollen oder nicht, Führungskräfte werden mit dieser Rolle identifiziert. Mitarbeiter orientieren sich an ihnen, an ihren Aussagen, an ihrem Verhalten. Denn wer anders als diejenigen, die das Unternehmen (wenigstens in Teilen) leiten und damit verbunden einen (wenn auch vielleicht nur vermeintlichen) Wissensvorsprung haben, könnte besser beurteilen, was es zum Beispiel mit anstehenden Veränderung im konkreten Arbeitsalltag tatsächlich auf sich hat? Dass dies ein Trugschluss sein kann, spielt keine Rolle. In den Augen der Mitarbeiter nehmen ihre Führungskräfte die Position des Orientierungsankers ein.

Die Change Management-Studie 2008 von Capgemini Consulting ergab als wichtigsten Erfolgsfaktor für die Bewältigung von Veränderungsprozessen das Commitment und die Glaubwürdigkeit des Managements. Darüber hinaus erwarten die Mitarbeiter auch, dass ihre Führungskräfte sie mit sicherer Hand und Durchblick durch die Widersprüche der zahlreichen, oft parallel oder kurz nacheinander angestoßenen Veränderungsvorhaben führen. (siehe http://www.at.capgemini.com/m/at/tl/Change_Management_Studie_2008.pdf)

Diese zentrale Rolle eines Kommunikators wird ihnen von den Mitarbeitern selbst zugewiesen, wie Untersuchungen seit Jahren immer wieder zeigen. Die direkten Vorgesetzten zählen zu den glaubwürdigsten Informationsquellen für die Mitarbeiter. Sie sind am Arbeitsplatz präsent, sind also erlebbar und können die Unternehmensziele zu den individuellen Aufgaben in Relation setzen und interpretieren. Außerdem genießen sie in der Regel Vertrauen und Respekt. Für die meisten Mitarbeiter ist die eigene Führungskraft demnach der wichtigste Kommunikationspartner. Von ihr erwarten sie Informationen, die ihnen im Rahmen der aktuellen wirtschaftlichen Situation ihres Unternehmens eine klare Perspektive geben sowie Sicherheit und Verlässlichkeit vermitteln und damit eine grundsätzliche Wertschätzung ihrer Person als Partner im konkreten Arbeitsablauf zum Ausdruck bringen. Dabei möchten die Mitarbeiter grundsätzlich wesentlich stärker über die jeweiligen Entwicklungen informiert werden als über die Gründe für diese Entwicklungen oder das angestrebte Ergebnis. Da die Prozesse in der Regel aber nicht linear und eindeutig ablaufen, müssen die direkten Führungskräfte ihren Mitarbeitern helfen, mit Widersprüchen, Unterschieden und mehrdeutigen Informationen klar zu kommen. Eine Herausforderung für ihre kommunikative Kompetenz. Denn Geheimniskrämerei, bewusste Lügen oder zurückgehaltene bzw. verzögerte Informationen bleiben unter der Mitarbeitern letztlich nicht unerkannt und führen über kurz oder lang zur Erosion des Fundaments der Führungskräftekommunikation, nämlich zum Verlust von Glaubwürdigkeit und Vertrauen. Das wiederum hat zur Folge, dass die Mitarbeiter ihrer Arbeit gegebenenfalls mit wenig oder gar keiner Motivation nachgehen und somit wenig produktiv sind. Doch die Produktivität ist der Lebensnerv eines Unternehmens, ihr Erhalt und ihre Förderung ist Hauptbestandteil der Personalführung. So sollte eine Führungskraft schon alleine aus Gründen der Wertschöpfung ihre Kommunikationsaufgaben ernst nehmen.

Vom Meinungsführer zum Meinungsbildner

Vom – möglicherweise unfreiwilligen, aber dennoch real existierenden – Meinungsführer ist es dann nur noch ein kleiner Schritt hin zum Meinungsbildner. Dieser Begriff bezeichnet Personen, die allein aufgrund ihres hohen, meist öffentlich sichtbaren Status Einfluss auf die Meinung anderer nehmen. Meinungsführer und Meinungsbildner unterscheiden sich darin, dass erstere ihren Einfluss ohne Absicht, letztere hingegen absichtlich ausüben. Wenn also außer Frage steht, dass Führungskräfte von der Kommunikationszielgruppe Mitarbeiter als Meinungsführer eingeordnet werden, eine Aufmerksamkeit für unternehmensrelevante Themen in dieser Konstellation also per se zu erwarten ist, muss die Interne Unternehmenskommunikation dafür sorgen, dass die Führungskräfte auch die Rolle als Meinungsbildner einnehmen, ihren Einfluss im Sinne der Unternehmensstrategie beziehungsweise der Unternehmenspolitik also absichtlich und gezielt ausüben können. Denn die meisten Führungskräfte treffen dort auf die Mitarbeiter, wo die Interne

Unternehmenskommunikation nur mittelbar und meist eher medial Einfluss nehmen kann, am konkreten Arbeitsplatz. Daher sollten sie bei ihrer Kommunikationsaufgabe durch regelmäßige Informationsrunden, Fragen- und Antworten-Kataloge sowie standardisierte Präsentationsunterlagen unterstützt werden.

An dieser Stelle sei auch eine Lanze gebrochen für eine nach Möglichkeit zeitlich versetzte Information der Führungskräfte gegenüber den Mitarbeitern. Vielerorts wird bereits diskutiert, allen Mitgliedern eines Unternehmens zeitgleich, also Hierarchie unabhängig, unternehmensrelevante Informationen zur Verfügung zu stellen – zumal es die ausgefeilte Internettechnologie zunehmend nahe legt. Das käme zudem denjenigen Verantwortlichen der Internen Kommunikation entgegen, die im Unternehmen unter den Führungskräften eine zunehmende Ignoranz ihrer Kommunikationsarbeit feststellen. Obwohl beide Argumentationen nachvollziehbar sind, hebeln sie dennoch nicht den Umstand aus, dass Mitarbeiter den Führungskräften ein höheres Wissen unterstellen, sie also als Meinungsführer betrachten und von ihnen selbstverständlich Antworten auf ihre Fragen erwarten. Belastbare Antworten können Führungskräfte aber nur geben, wenn sie selbst zuvor in der Lage gewesen sind, Inhalte zu verarbeiten und unter Umständen auf die spezifischen Arbeitsplätze ihrer Mitarbeiter herunterzubrechen. So können ihre Aussagen als glaubwürdig eingestuft werden und sie selbst als Führungskraft ihr Ansehen behalten.

Bei der anstehenden Ausgliederung des Bereichs Halbleiter aus der Muttergesellschaft Siemens AG gab es vor der – natürlich grundsätzlich den Ad-hoc-Anforderungen unterliegenden – öffentlichen Bekanntmachung ein »Early Warning« an die Führungskräfte des Bereichs. Die Interne Unternehmenskommunikation verschickte einen Tag vorher eine E-Mail mit dem Hinweis, dass der Vorstand am folgenden Tag um eine bestimmte Uhrzeit eine für das Unternehmen entscheidende Nachricht bekannt geben werde und dass die Führungskräfte parallel dazu auf elektronischem Weg ein Informationspaket erhalten würden. Das gewährleistete die Aufmerksamkeit der Führungskräfte, die dann tatsächlich überwiegend zum genannten Zeitpunkt an ihren PCs saßen und sich die Informationen herunterluden. Die Resonanz auf diese Vorgehensweise war sehr positiv, da sich viele Führungskräfte trotz der nur kurzen Zeitspanne, die durch den Versand nach intern parallel zur öffentlichen Bekanntmachung gewonnen wurde, ein wenig besser gerüstet fühlten für die kurz darauf auf sie eindringenden Fragen ihrer Mitarbeiter.

Persönliche Kommunikation fördern und forcieren

Grundsätzliches Ziel der Kommunikation der Führungskräfte mit ihren Mitarbeitern muss es sein, vor allem die persönliche Kommunikation zu unterstützen. Denn diese ermöglicht einen Dialog, der zu einem direkten Austausch von Meinungen führt und unmittelbar auf mögliche Missverständnisse eingehen kann. Unklarheiten können durch Rückfragen sofort beseitigt werden. In der persönlichen Auseinandersetzung über Themen des Unternehmensalltags sind Mitarbeiter wie Führungskräfte eher bereit, ihre Meinung zu überprüfen und Argumente anzunehmen – genauso wie in der täglichen Realität außerhalb des Unternehmens.

(Eine ähnliche Rolle als Meinungsführer bzw. Meinungsbildner können natürlich auch noch andere Personen im Unternehmen übernehmen. In jeder Organisation gibt es – manchmal schwer zu identifizierende – Mitarbeiter, die Knotenpunkte im (internen) Kommunikationsnetz darstellen und Merkmale aufweisen, die klassischerweise Führungskräften zugeordnet werden können: Sie kennen sich bei internen Abläufen besser aus als andere, kennen intimere Informationsquellen, die sie auch überdurchschnittlich aktiv »anzapfen«, und werden folglich häufiger nach Informationen gefragt. Je weniger die Mitglieder des Managements ihre Rolle ausfüllen, je bedeutsamer sind diese »informellen« Meinungsführer. Denn ein Meinungsbildungsprozess funktioniert nun einmal nicht ohne Meinungsführer.)

Grundlagen der CEO-Kommunikation

Gelten die direkten Führungskräfte als die wichtigsten Kommunikationspartner für die Mitarbeiter im Unternehmensalltag, ist die Unternehmensleitung wiederum, also das Topmanagement, für die Mitarbeiter die wichtigste Instanz für die grundsätzliche Orientierung und Identifikation. Das Topmanagement wird als Botschafter und Repräsentant des Unternehmens gesehen, seine kommunikativen Handlungen werden auf das Unternehmen übertragen. Die Unternehmensleitung verkörpert die Gesamtstrategie und interpretiert die Unternehmenspolitik für die grundsätzliche Operationalisierung sowie die Implementierung in das tägliche Geschäftshandeln.

Die Rolle der Unternehmensleitung in der öffentlichen Wahrnehmung hat in den letzten Jahren an Gewicht gewonnen. Unternehmen und ihre Führungspersonen rücken vor allem aufgrund der global erlebbaren Veränderungen der Märkte und Veränderungen im Börsengeschehen sowie dem damit verbundenen grundsätzlichen Anstieg der Bedeutung von Wirtschaft immer mehr in das öffentliche Interesse. Die (zum Teil gesetzlichen) Forderungen nach Transparenz der Geschäftsprozesse führen dazu, dass die Unternehmenslenker über die Medien einen hohen Nachrichtenwert erhalten und folglich zunehmend Gegenstand der Berichterstattung werden. Dabei spielt die individuelle Performance bei der Beurteilung der Topmanager vor allem durch die Medien mindestens eine ebenso große Rolle wie die fachliche Qualifikation und die daraus resultierenden Leistungen im Wertschöpfungsprozess. Vor dem Hintergrund dieser Anforderungen und nicht zuletzt der in den letzten Jahren erlebten Skandale rund um Einstellungen, Verhalten und Handlungen von Top-Führungskräften hat sich unter dem Begriff CEO-Kommunikation ein neues Handlungsfeld für die vor allem externe Unternehmenskommunikation entwickelt, das nach und nach auch im Bereich der Internen Unternehmenskommunikation Gestalt annimmt.

Ausdruck der Wertschätzung durch das Topmanagement

Dabei wird das zuvor meist zunächst für externe Bezugsgruppen entwickelte Profil der Unternehmensleitung strategisch für die Mobilisierung der Mitarbeiter eingesetzt.

Denn ob sich Mitarbeiter an ihrem Arbeitsplatz im Sinne der Unternehmensziele und damit im Sinne der Wettbewerbsfähigkeit engagieren, hängt neueren Untersuchungen zufolge gar nicht einmal in erster Linie von monetären Faktoren ab. Neben Entscheidungsfreiheit und Karrieremöglichkeiten ist die Wahrnehmbarkeit der Unternehmensleitung nach innen sowie der sozialverträgliche Ruf des Unternehmens ein entscheidender Faktor für die Bereitschaft, sich zu engagieren. Demnach werden Engagement und Identifikation in besonderem Maße durch Einflüsse bestimmt, die mit Hilfe der Internen Unternehmenskommunikation wirkungsvoll unterstützt werden können. Denn der Ruf des Unternehmens als sozial verantwortlich und als guter Arbeitgeber, wofür der CEO exemplarisch steht, trägt nicht unwesentlich dazu bei, dass die Mitarbeiter stolz sein können auf ihr Unternehmen und dadurch einen Gemeinschaftssinn entwickeln, der als glaubwürdiger empfunden wird als das herkömmliche Wir-Gefühl.

Mitarbeiter wissen es zu schätzen, wenn sich die Unternehmensleitung offenkundig für ihre Belange interessiert und sich um ihr Wohlergehen kümmert. Und sie erwarten, dass sich das Topmanagement selbst vorbildlich im Sinne der Unternehmenswerte verhält. Dazu gehört auch das erkennbare Sorge Tragen für das soziale Umfeld des Unternehmens. Der Ruf als guter Arbeitgeber fördert zudem die Bindung an die eigene Organisation und hilft, auch in schwierigen Zeiten übermäßige Fluktuation zu vermeiden.

Die Towers Perrin Global Workforce Study 2007-2008 identifizierte 10 wesentliche Faktoren für die Mitarbeitermotivation in Deutschland: Auf Rang 1 liegt demnach das Interesse der Unternehmensleitung an den Mitarbeitern. Es folgen auf den weiteren Plätzen: Ausreichende Entscheindungsfreiheit; Ruf des Unternehmens, soziale Verantwortung zu übernehmen; Lern- und Entwicklungsmöglichkeiten; Vorgesetzter weckt Begeisterung für die Arbeit; Investitionen in innovative Produkte und Services; Aufstiegs- und Karrieremöglichkeiten; Einfluss auf Produkt- und Servicequalität; Unternehmensleitung als Vorbild im Sinne der Unternehmenswerte; hohe persönliche Standards. (siehe: http://www.towersperrin.com/ tp/getwebcachedoc?country=deu&webc=HRS/DEU/2008/200801/TPGWSGermany.pdf)

Interne Kommunikation als Aufgabe des Managements

Somit spielt die direkte Kommunikation der Unternehmensleitung in Richtung Mitarbeiter zunehmend eine zentrale Rolle. Diese Notwendigkeit dringt allerdings erst langsam in die Vorstands- oder Geschäftsführeretagen durch. Noch herrscht dort eher ein tendenzielles Desinteresse vor. Bislang ist es noch häufig so, dass das Topmanagement seine kommunikativen Aufgaben gegenüber den Mitarbeitern als grundsätzlich delegierbar betrachtet, ganz im Gegensatz etwa zur Kommunikation in Richtung Kapitalmärkte, die ohne zu zögern als Managementaufgabe betrachtet wird.

Diese Art der eher distanzierten Präsenz reicht für die Mobilisierung der Mitarbeiter jedoch nicht mehr aus. Aktuelle Untersuchungen machen deutlich, dass sie sich von ihrem Topmanagement nicht ausreichend beachtet fühlen. Nach ihrer Meinung sorgt die Unternehmensleitung zwar für die Gewährleistung des langfristigen Geschäftserfolgs, schenkt den Belangen und der Zufriedenheit der Belegschaft jedoch kaum Beachtung und zeigt kein wahrnehmbares Interesse an offener und ehrlicher Kommunikation. Auch die grundsätzliche Kommunikation wichtiger geschäftlicher Entscheidungen wird mehrheitlich als verbesserungswürdig eingeschätzt. Vorstände und Geschäftsführer müssen also deutlich profilierter auftreten als bisher und sich eindeutig kommunikativ verhalten, wenn sie die Zustimmung ihrer Mitarbeiter erhalten und bei ihnen die gewünschte Handlung oder Verhaltensänderung auslösen wollen.

Aspekte der internen CEO-Kommunikation

Der Anspruch der Mitarbeiter an Führung und Orientierung ist nach Jahren der – positiven wie negativen – Erfahrung im Umgang mit Veränderungen gestiegen. Die Wahrnehmbarkeit der Unternehmensleitung nach innen ist von entscheidender Bedeutung für die Bereitschaft sich zu engagieren. Mitarbeiter erwarten, dass die Unternehmensleitung ihren Bedürfnisse im Arbeitsalltag Beachtung schenkt. Wenn sich das Topmanagement also konkret Zeit nimmt für sie, hat dies großen Einfluss auf die Motivation. Denn Zeit, das wissen die Mitarbeiter, ist die nahezu kostbarste Ressource, die das Management zur Verfügung hat.

Dabei würden sie gegebenenfalls sogar nur einen Ausschnitt dieser Ressource wahrnehmen. Denn neben dem konkreten Auftritt müsste das Topmanagement zuvor Zeit investieren in die Vorbereitung eben dieses Auftritts, müsste sich mit Inhalten befassen und mit der (An) Sprache. Und dazu gehört noch ein gute Portion Selbstreflexion. In manchen Chefetagen stehen die Leitungen der Internen Kommunikation dabei vor einer schier unlösbaren Aufgabe.

Und dennoch, Vorstände und Geschäftsführer sollten regelmäßig Zeit in ihrem Terminkalender für Kommunikationsaufgaben reservieren. So können sie etwa periodisch mit einer wechselnden kleinen Anzahl von Mitarbeitern ein Frühstück einnehmen und dabei über Themen reden, die den Mitarbeitern auf der Seele liegen. Außerdem können sie bei dieser Gelegenheit zu kritischen Fragestellungen und heiklen Themen gezielt Erklärungen und Interpretationen liefern, die von den Mitarbeitern als authentisch und nicht mehr anders deutbar wahrgenommen werden.

Als in einem größeren Unternehmen aus dem Bereich der Aluminiumfertigung ein neuer Vorstandsvorsitzender die Führung übernahm, führte er ein »Mittwochvormittagfrühstück« ein, das er in lockerer Abfolge abwechselnd mit seinen Führungskräften und mit ihn besonders interessierenden Mitarbeitern einnahm. Er beabsichtigte dadurch einerseits, die Leistungsträger in seiner Belegschaft besser kennen zu lernen und gegebenenfalls für die Unterstützung seiner Unternehmensziele fördern zu können. Andererseits war er der Meinung, dass solche informellen Treffen dazu dienen konnten, eventuelle Konflikte im Unternehmen besser zu bewältigen, da man sich in diesen Zusammenkünften auch als »Menschen« kennen lernt.

Wenn ein gemeinsames Frühstück nicht gewünscht ist, können andere Plattformen für eine regelmäßige persönliche Kommunikation mit den Mitarbeitern eingerichtet werden: Organisierte Diskussionsrunden am späteren Nachmittag etwa oder Roadshows, wenn im Unternehmen zum Beispiel weiter auseinanderliegende Standorte koordiniert werden müssen. Dies am besten im zeitlichen Rahmen ohnehin wahrzunehmender Managementtermine.

Man kann grundsätzlich zwei Stoßrichtungen der internen CEO-Kommunikation unterscheiden: Die Ansprache der Führungskräfte und die Ansprache der Mitarbeiter. Sie unterscheiden sich vor allem inhaltlich, denn Führungskräfte interessiert am Unternehmensgeschehen anderes als die Mitarbeiter. Beide Gruppen haben unterschiedliche Erwartungshaltungen an die Führungsleistung ihres Topmanagements und damit einhergehend unterschiedliche Anforderungen.

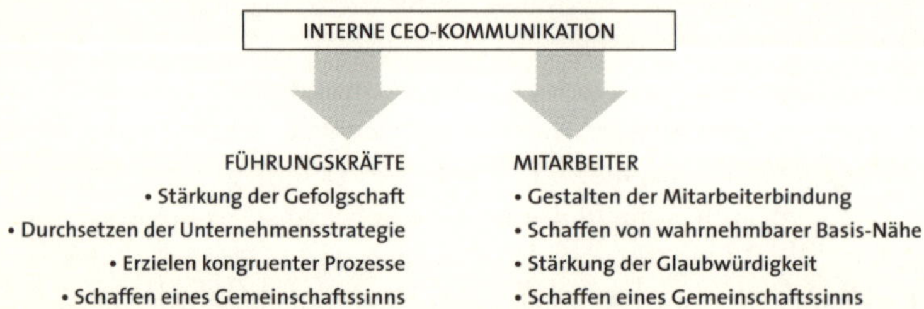

Abbildung 24: Stoßrichtungen der internen CEO-Kommunikation

Die CEO-Kommunikation mit den Führungskräften

Führungskräfte erwarten eine offene und umfassende Darstellung der großen strategischen Ausrichtung des Unternehmens. Sie wollen wissen, welche grundsätzliche Position das Unternehmen nach der Vorstellung des Topmanagements im Wettbewerb einnehmen soll und welche Chancen und Risiken damit verbunden sind. Führungskräfte möchten den dazu notwendigen Wertschöpfungsprozess nachvollziehen können, denn in diesem Rahmen bewerten sie ihre eigene Position und ihre Karrieremöglichkeiten. Sie wollen wissen, ob es sich lohnt, Zeit und Kraft in das Unterfangen zu investieren. Orientierung und Identifikation richtet sich für sie auf die Gefolgschaft eines in ihren Augen kompetenten und glaubwürdig agierenden Topmanagements aus. Dazu gehört die Gewissheit, bei allen Unwägbarkeiten gerecht behandelt zu werden und die gleichen Chancen wie die Mitstreiter zu erhalten.

Dieser Umstand ist im Rahmen von Veränderungen besonders relevant. Führungskräfte nehmen während des Strukturwandels im Unternehmen eine nicht ganz einfache Doppelrolle ein. Einerseits sind sie selbst Betroffene, andererseits müssen sie kompromisslos für die operative Umsetzung der Umstrukturierung sorgen. Hinzu kommt, dass sie früher in der Regel einen Informationsvorsprung vor ihren Mitarbeitern hatten und sich einigermaßen sicher sein konnten, auf Fragen eine eindeutige Antwort zu haben. Dies ist nun nicht mehr so. Veränderungen laufen häufig so schnell ab, dass die Realität vermeintlich sichere Fakten bereits wieder überholt haben kann.

Die Interne Kommunikation muss in ruhigen und unruhigen Zeiten dafür sorgen, dass das Geschäftsmodell von den Führungskräften verstanden und akzeptiert wird und dass sie dem Topmanagement die Kompetenz zuweisen, dieses Modell auch umsetzen zu können. Dazu ist es zum Beispiel sinnvoll, Gewinn- und Verlustszenarien zu thematisieren und Chancen für eine zukunftsorientierte Einbindung der eigenen Person darzustellen. Es reicht dabei jedoch nicht, ein spezifisch auf die Führungsriege ausgerichtetes Printmedium anzubieten oder entsprechende Informationen im Intranet aufzubereiten. Das Topmanagement muss für die Führungskräfte unmittelbar erlebbar sein und so seine Wertschätzung dokumentieren. Dazu muss ein hierarchiefreier Diskurs ermöglicht werden, in dem die Unternehmensführung Rede und Antwort stehen kann. Dies kann in kleinen Gruppen oder im großem Rahmen wie etwa einer Führungskräftekonferenz geschehen. Wichtig ist in jedem Fall, Zugänglichkeit zu demonstrieren und dem Austausch Exklusivität zuzuweisen, die bevorzugt Informationen für sie, die Führungsmannschaft, bereithält.

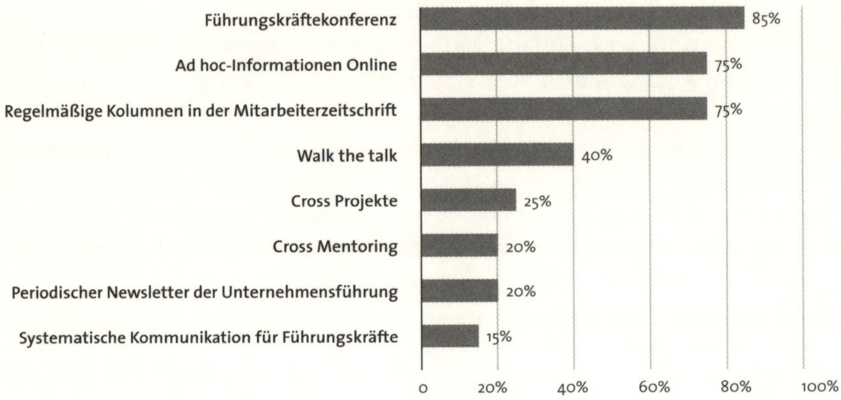

Abbildung 25: Instrumente der FK-Kommunikation in den Dax 30-Unternehmen, *Kinter, Ott, Manolagas 2009, S. 24*

Die ING-DiBa führt regelmäßig Führungskräftekonferenzen durch, dessen Formate sich im Laufe der Jahre weiterentwickelt und mit Blick auf zu vermittelnde Themen immer wieder anders dargestellt haben. So entscheidet man sich je nach Anlass für ein traditionelles, eher zurückhaltendes Format oder für ein modernes, etwas »lauteres« Format. Das richtet sich zum Beispiel nach der wirtschaftlichen Situation des Unternehmens, nach laufenden bzw. anstehenden Wachstumsszenarien oder nach Initiativen für Qualitätssteigerung. Die Liste ließe sich leicht fortsetzen. Dabei kommt es dem Unternehmen stets mehr auf die Inhalte an als auf die – womöglich noch so spektakuläre – Verpackung. Wichtig ist vor allem, die Führungskräfte mit der Veranstaltung ihren speziellen Bedürfnissen nach Informationen und Orientierung adäquat anzusprechen und durch eine glaubwürdige und transparente Auseinandersetzung mit dem jeweiligen Thema zu motivieren und auf den weiteren Unternehmensweg mitzunehmen. Dabei hat die Präsenz und die dramaturgisch richtige Teilhabe der Unternehmensführung größte Bedeutung.

Der Einsatz von Führungskräfte-Medien soll diesen Prozess unterstützen, indem sie Interpretationen von Sachverhalten und Hintergrundinformationen liefern sowie Sprachregelungen einführen. Darüber hinaus können sie, wenn sie professionell und vernetzt angelegt sind, ein probates Mittel für die Unterstützung oder sogar für die Bildung eines Gemeinschaftssinnes innerhalb der Führungsmannschaft sein.

Grundsätzliches Ziel dieses Aspektes der CEO-Kommunikation ist die Stärkung der Gefolgschaft und die Durchsetzung der Unternehmensstrategie. Divergierende Sichtweisen und Bereichsegoismen sollen auf ein gemeinsames Selbstverständnis und damit auf kongruente Prozesse im Sinne der Unternehmensziele ausgerichtet werden. Die Führungsmannschaft wird auf diese unternehmerischen Ziele verpflichtet und in ihrer Rolle als Vermittler und Multiplikatoren gegenüber ihren Mitarbeitern gestärkt.

Die CEO-Kommunikation mit den Mitarbeitern

Mitarbeiter haben grundsätzlich andere Interessen im Hinblick auf ihre Position im Unternehmen als Führungskräfte. Sie sind zwar ebenfalls auf Karriere- und Entwicklungsperspektiven bedacht. Aber sie haben vor allem ein höheres Sicherheitsbedürfnis und sind an einer stabilen, möglichst langfristigen Arbeitssituation interessiert. Ihre Aufmerksamkeit richtet sich auf die Erhaltung ihres Status quo. Neben grundlegenden finanziellen Aspekten richtet sich dieses Interesse auf Fragen der Balance zwischen Familie und Arbeit. Behalte ich meinen Arbeitsplatz am derzeitigen Standort? Muss ich den Wohnort wechseln und welche Konsequenzen hat das für meine Familienplanung und ihre Finanzierung? Welcher Koordinierungsaufwand ist damit verbunden und kann ich meine Aktivitäten nach Feierabend ausleben?

Und wenn der Status quo nicht zu halten ist, erwarten Mitarbeiter eine verlässliche Aussage genau darüber und ebenso darüber, wann denn die veränderte, neue Arbeitssituation erreicht sein wird, wie sie konkret aussehen wird und welche Opfer sie (nicht das Unternehmen) bis dahin bringen müssen.

Alle diese Antworten erwarten sie von ihrem Topmanagement, zumindest in der grundsätzlichen Ausprägung. Die Arbeitsplatz spezifische Deutung kommt den direkten Führungskräften zu (siehe oben). Aber ihr prinzipielles Wohl und Wehe machen sie von der Unternehmensleitung und ihren Entscheidungen abhängig. Das Topmanagement muss sich daher wohl oder übel in diese Beschützerrolle einfinden und sie ausfüllen. Dazu muss es für die Mitarbeiter laufend sichtbar und immer wieder auch erlebbar sein *(vgl. Kapitel 8: Kommunikation in Veränderungsprozessen)*. Diese Sichtbarkeit und Erlebbarkeit herzustellen, ist Aufgabe der Internen Unternehmenskommunikation.

Sichtbarkeit kann man neben persönlichen Auftritten zunächst in den Print- und elektronischen Medien erreichen. Dort kann der Vorstand oder die Geschäftsführung Position beziehen und sich mit den Fragestellungen der Mitarbeiter auseinandersetzen. Die Interne Kommunikation muss dazu Statements aufbereiten, Mitarbeiter in der Diskussion mit dem CEO zeigen (etwa in der Mitarbeiterzeitschrift), Fragen-/Antworten-Plattformen im Intranet einrichten und moderieren und Hintergrundberichte rund um die Unternehmensstrategie und ihre Umsetzung durch die Leitung bringen.

Allerdings ist die Erwartungshaltung der Mitarbeiter nicht nur im Hinblick auf die grundsätzliche Sichtbarkeit ihres Topmanagements groß, sondern auch im Hinblick auf einen raschen und permanenten Kommunikationsfluss. Der Einsatz von schnelllebigen Kommunikationsinstrumenten wie Intranet und E-Mail, über die jederzeit fast alle Mitarbeiter gleichzeitig über Hierarchien hinweg angesprochen werden können, ist vor dem Hintergrund ebenso schnelllebiger Prozesse im Unternehmen unbedingt sinnvoll. Es muss aber auch gewährleistet sein, dass die Mitarbeiter auf Rückfragen oder Anregungen permanentes Feedback erhalten und laufend weitere Informationen über den Kurs des Unternehmens abrufen können. In der Regel bereitet die Interne Kommunikation diese Inhalte für die Unternehmensleitung vor und sorgt dafür, dass die Rückmeldung erfolgt. Delegierbar ist diese Rückmeldung nicht. Sie muss die Unternehmensleitung als Absender ausweisen, sonst verliert sie bei den Mitarbeitern schnell an Glaubwürdigkeit.

Als der Bereich Halbleiter aus der Siemens AG ausgegliedert und als das selbständige Unternehmen Infineon Technologies AG aufgebaut wurde, wandte sich die Bereichs- und spätere Unternehmensleitung immer dann weltweit über E-Mail an die Mitarbeiter, wenn die aktuelle Informationslage einer Klärung bedurfte, die Gerüchteküche zu sehr kochte oder organisatorische Meilensteine beziehungsweise Einschnitte erreicht wurden. Zunächst zögerlich, dann aber zunehmend gaben viele Mitarbeiter Feedback oder baten um zusätzliche, zum Teil bereichsspezifische Informationen. Möglichst umgehend gab der Chef auf demselben Weg wieder Antwort. Dies wurde zwar durch die Interne Unternehmenskommunikation vorbereitet, aber stetst mit der Leitung abgestimmt und schließlich vom persönlichen E-Mail-Account abgeschickt. Der betriebene Aufwand war nicht gering, hielt sich aber in durchaus vertretbaren Grenzen, denn die Anzahl der korrespondierenden Mitarbeiter war im Verhältnis zum Gesamtpotenzial doch gering. Aber die positive Wirkung im Unternehmen war groß, denn es sprach sich herum, dass der Chef persönlich und rasch antwortete.

Aber Sichtbarkeit aus der Ferne, wie etwa durch Auftritte in der Mitarbeiterzeitschrift oder über E-Mails oder Blogs im Intranet reicht nicht für die Bindung der Mitarbeiter an ihre Führung. Das Topmanagement muss auch immer wieder persönlich erlebbar sein und den Mitarbeiter so Nähe zu ihren Belangen und Wertschätzung ihrer Person vermitteln. Zum einen ist es möglich, kleinere Gruppen von Mitarbeitern in die »natürliche« Arbeitsumgebung des Topmanagements zu holen (siehe weiter oben) und ihnen so Einblick in den Alltag ihres CEO zu ermöglichen. Dabei darf es aber nicht bleiben. Wichtiger ist es, dass der Vorstand oder die Geschäftsführung die Begegnung vor Ort, im Arbeitsumfeld der Mitarbeiter sucht. Das Topmanagement kann dazu Betriebsversammlungen nutzen oder sich mittags in die Kantinen oder Kasinos begeben. Die Interne Kommunikation kann auch andere geeignete kleine oder große Gesprächsformate gestalten und den CEO mit den Mitarbeitern ins Gespräch bringen. Da ist der Phantasie keine Grenzen gesetzt.

Die ING-DiBa arbeitet mit dem Format »Vorstand Live«, das als Plattform für die Kommunikation aller Vorstandsmitglieder mit einer größeren Gruppe Mitarbeitern dient. Jedes Vorstandsmitglied kann hier die Gelegenheit nutzen, eine Diskussion über Themen seines Verantwortungsbereichs mit interessierten Mitarbeitern zu führen. Die Veranstaltungen und ihre Inhalte werden anschließend in den internen Medien verwertet und mit zusätzlichen Fachthemen ergänzt.

Grundsätzliches Ziel dieses Aspektes der CEO-Kommunikation ist sowohl bei der Sichtbarkeit wie auch bei der Erlebbarkeit die Wahrnehmung des Topmanagements in den Augen der Mitarbeiter als Basis nah. Wenn diese der Meinung sind, dass die Unternehmensführung weiß, was an der Unternehmensbasis los ist, stärkt das ihre Glaubwürdigkeit und dadurch die Mitarbeiterbindung. Dies wiederum wirkt sich positiv auf die Produktivität aus und gewährleistet in Zeiten der Veränderung die Gefolgschaft von einem Status quo in einen anderen.

Lesehinweise

Dörfel, Lars und Hinsen, Ulrich (Hrsg.) (2009): »Führungskommunikation. Dialoge: Kommunikation im Wandel – Wandel in der Kommunikation«. Berlin: scm prismus Communications

Das Buch befasst sich mit den aus Sicht unterschiedlicher Autoren anstehenden bzw. absehbaren Anforderungen an die Führungskräftekommunikation vor dem Hintergrund aktueller Organisationsentwicklungen und dabei vor allem mit Blick auf die Kommunikation von Führungskräften mit ihren Mitarbeitern. Es schließt ab mit einer aktuelle Erkenntnisse und Ideen reflektierenden grundsätzlichen Auseinandersetzung mit dem Thema Interne Kommunikation und Führung.

Kinter, Achim / Ott, Ulrich / Manolagas, Eliza (2009): »Führungskräftekommunikation. Grundlagen, Instrumente, Erfolgsfaktoren. Das Umsetzungsbuch«. Frankfurt: Frankfurter Allgemeine Buch

Das Buch liefert einen ausführlichen und strukturierten Blick in die Methoden und Instrumente der Führungskräftekommunikation am Beispiel des Finanzinstituts ING DiBa. So erhält der Leser Detailwissen einer konkreten Anwendung, die durch vergleichbare Ansatzpunkte aus anderen Unternehmen angereichert und mit praktischen Anleitungen unterfüttert werden.

Schick, Siegfried (2010): »Interne Unternehmenskommunikation«. 4., überab. u. akt. Aufl., Stuttgart: Schäffer-Poeschel

Das Buch betrachtet die Interne Kommunikation als einen Geschäftsprozess und weist der Führungskräftekommunikation in diesem Zusammenhang eine bedeutende Rolle zu. Das entsprechende Kapitel (»Kommunikation ist Führungsaufgabe«) zeigt auf, wie die Interne Kommunikation diese Rolle wirkungsvoll unterstützen kann.

Kapitel 8
Kommunikation in Veränderungsprozessen: Interne Unternehmenskommunikation unter speziellen Voraussetzungen

Die Wirtschaft beschäftigt sich zunehmend mit der Bewältigung von anhaltenden, tiefgreifenden Veränderungen, die nicht mehr problemlos in den Unternehmensalltag zu integrieren sind. Solche größeren Veränderungsprogramme führen nicht selten zu immensen Verunsicherungen in den Belegschaften. Eine zeitnahe, transparente und zielgruppenorientierte Kommunikation ist dabei von zentraler Bedeutung. Die Interne Kommunikation muss sich daher mit sozialwissenschaftlichen und sozial-psychologischen Erkenntnissen beschäftigen und sich diese für ihre Strategie zunutze machen, will sie den mit dem kontinuierlichen Wandel verbundenen Anforderungen gerecht werden. Um Veränderungsprozesse mit Kommunikationsmaßnahmen professionell unterstützen zu können, sollte man wissen, wie Verbreitungsprozesse verlaufen und von welchen Faktoren es abhängt, ob eine Neuerung von den Mitarbeitern angenommen oder abgelehnt wird. Eine Strukturierungsmöglichkeit bietet dabei die Diffusionsforschung, der zufolge die Übernahme von Veränderungen in Phasen stattfindet (Kenntnisnahme, Einschätzung, Entscheidung, Versuch und Unterstützung). Diese Phasen müssen nun kommunikativ gezielt, das heißt den Befindlichkeiten der Mitarbeiter entsprechend, gestaltet werden. Dabei spielen die Massenmedien in den für das Veränderungsvorhaben entscheidenden Phasen gegenüber der persönlichen Kommunikation eine untergeordnete Rolle, und die Funktion der Führungskräfte als Meinungsführer ist von besonderer Bedeutung. Für ein gezieltes Vorgehen ist es außerdem sinnvoll, sogenannte Veränderungstypen zu identifizieren und die Kommunikation darauf auszurichten. Denn Menschen reagieren unterschiedlich auf Neuerungen, insbesondere im Hinblick auf ihre Risikobereitschaft. Die Interne Kommunikation muss sich in diesem Zusammenhang überlegen, welche kommunikativen Inhalte geeignet sind, die Aufmerksamkeit der jeweiligen Veränderungstypen zu erzielen, und über welche Kanäle diese Inhalte bevorzugt vermittelt werden müssen, um ihnen die Geschichten rund um die anstehende oder sich in der Entwicklung befindende Veränderung nahe bringen zu können.

Entwicklung und Ausprägungen

Ein seit einigen Jahren mit zunehmender Häufigkeit in der Literatur über Interne Kommunikation verwendeter Begriff ist »Veränderungskommunikation« oder auch »Change

Communication«. Aufgekommen ist dieser Begriff in der Folge der gesteigerten Aufmerksamkeit auf Change Management-Prozesse seit etwa Beginn der 90er Jahre des letzten Jahrhunderts. Auf den ersten Blick scheint es sich dabei um eine neue Entwicklung in der Kommunikation zu handeln, etwas, das auf ein ganz neues Vorgehen, eine ganz neue Perspektive in der Kommunikation mit Mitarbeitern schließen lassen könnte. Tatsächlich handelt es sich dabei aber um nichts Anderes als um professionell ausgeübte Interne Kommunikation, die allerdings in eben dieser notwendigen Professionalität vielerorts noch zu wünschen übrig ließ. Um potenzielle Kunden dennoch für die gesteigerten Kommunikationsanforderungen rund um die Change Management-Prozesse in den Unternehmen gewinnen zu können, die bei einem klassischen – wenn auch möglicherweise inhaltlich veränderten – Begriff der Internen Kommunikation noch abgewinkt hätten, setzten Unternehmensberatungen und managementorientierte PR-Agenturen den neuen Schlüsselbegriff in die Welt.

Es handelt sich eigentlich schlicht um (interne) Kommunikation, die im spezifischen Zusammenhang mit Veränderungsprozessen in Unternehmen erforderlich ist. Seit Beginn des 21. Jahrhunderts ist Veränderung im gesellschaftlichen Leben und in der Wirtschaft allgegenwärtig. Der Wandel von Unternehmen ist von einem gelegentlich zu organisierenden Ereignis zu einem Dauerzustand geworden. Die Wertschöpfungsketten haben sich mehr und mehr aufgelöst, Teilgeschäfte von Unternehmen werden ausgelagert oder verkauft, organisatorische Grenzen werden aufgehoben. Herausforderungen wie sich neu ordnende Märkte, die damit einhergehende Internationalisierung, sich wandelnde Kundenanforderungen, kürzere Produktlebenszyklen etc. steht inzwischen eine Vielzahl von Lösungsansätzen gegenüber, die mit dem Begriff »Change Management« verbunden werden.

Veränderung hat Tradition

Dabei ist die Auseinandersetzung mit dem Thema Veränderung im Grunde nicht neu. Traditionsreiche Unternehmen haben sich damit zum Teil über mehr als 100 Jahre befassen müssen; ansonsten gäbe es sie heute gar nicht mehr. Allerdings gingen diese Transformationen anfangs langsamer vor sich als heute und wurden vor allem in einen Zustand dauerhafter Stabilität überführt. Das Managen solcher Veränderungen konnte so häufig in den normalen Planungsprozess integriert werden. Die Menschen in einem Unternehmen wurden kurzzeitig, durchaus auch schmerzhaft, aufgeschreckt und konnten sich anschließend wieder an den neuen Zustand gewöhnen und anpassen.

Seit Beginn der 90er Jahre des vergangenen Jahrhunderts beschäftigt sich die Wirtschaft zunehmend mit der Bewältigung von anhaltenden, tiefgreifenden Veränderungen, die nicht mehr problemlos zu integrieren sind, da sie häufiger auftreten, weit reichender und schneller stattfinden und auch komplexer sind als zu Beginn.

Damals stellte sich heraus, dass beeindruckend viele solcher Veränderungsvorhaben kostentreibend verzögert wurden oder gar scheiterten (übrigens auch heute noch ein Phänomen). Erfolgreicher Wandel, so die Erkenntnis, hängt offenbar weniger von schlüssigen, strategischen Konzepten ab als vielmehr von der gelungenen Realisierung, die nie ohne die betroffenen Menschen ablaufen kann. Und der Mensch ist bekanntermaßen ein komplexes Wesen, ausgestattet mit der Fähigkeit zu und vor allem dem Bedürfnis nach Kommunikation – ein Faktor, der in den stark betriebswirtschaftlich ausgerichteten Strategiemodellen häufig vernachlässigt wurde.

Größere Veränderungsprogramme, nicht selten durch äußere Einflüsse erzwungen und damit in den Unternehmen als Krise wahrnehmbar, führten zu großen Verunsicherungen in den Belegschaften, worauf die Kommunikation in den Unternehmen oft nicht ausgerichtet und schon gar nicht vorbereitet war. Stattdessen verfing man sich in hilfloses Schweigen, was wie zu erwarten nicht aus der Krise herausführte, sondern diese eher noch verstärkte. Der Lerneffekt in den Führungsetagen war dennoch groß genug, dass sich nach und nach professioneller agierende Abteilungen für Interne Kommunikation etablierten konnten. Vielerorts wurden solche Abteilungen aus der Veränderungskrise heraus überhaupt erst eingerichtet.

Permanenter Wandel erfordert andere Vorgehensweisen

Inzwischen ist die Wirtschaft globaler als jemals zuvor aufgestellt. Dabei geht es schon lange nicht mehr nur um den Exportweltmeister Deutschland. Die Unternehmen orientieren sich nicht mehr schwerpunktmäßig am heimischen, sondern an den Weltmärkten und investieren dort zum Teil Milliardenbeträge. Gewinne und Wettbewerbsfähigkeit richten sich an den Benchmarks mit den besten Konkurrenten weltweit aus. Viele Menschen in deutschen Stammhäusern mussten mittlerweile lernen, dass ihre Arbeitsplätze auch dann zur Diskussion stehen, wenn der Gewinn ihres Unternehmens exorbitant steigt – gemessen am Weltmarkt aber eben nicht genug.

Die Logik früherer Prozesse hat heute keine zwingende Gültigkeit mehr. Restrukturierungen jeglichen Formats gehören inzwischen zur üblichen Gestaltung von Geschäftsprozessen. Ob aber Lean Management oder kompletter Strategiewechsel, gemeinsam haben alle diese Problemstellungen einschneidende Veränderungsvorhaben, von denen eine größere Anzahl, wenn nicht alle Mitarbeiter eines Unternehmens betroffen sind. Kennzeichnend ist der Grundgedanke des permanenten Wandels mit dem Ziel kontinuierlicher Verbesserungen von Prozessen und Strukturen.

Hier setzt nun die Veränderungskommunikation oder Change Communication oder eben schlicht die (interne) Kommunikation in Veränderungsprozessen an. Sie berücksichtigt die besondere Situation, die stärker als sonst den Lebensnerv eines Unternehmens, nämlich die Produktivität, bedroht. In so einer Situation reichen die gängigen Standardvarianten der unternehmensinternen Informationskultur nicht mehr, um die Arbeitsleistung der Mitarbeiter, ihre Motivation und Identifikation zu fördern und zu unterstützen. Denn Menschen in Veränderungssituationen, welche sich ihnen nicht selten als Bedrohung ihrer Existenz oder zumindest ihrer persönlichen Sicherheit darstellen, verhalten sich nach anderen Gesetzmäßigkeiten als unter überschaubaren, gesicherten Umständen.

Wandel ist heute vielerorts zumindest aus ökonomischer Sicht bereits Normalität geworden. Die soziologischen Prozesse hinken jedoch noch immer hinterher. Ob Veränderungsprojekte in Organisationen erfolgreich sind, hängt entscheidend davon ab, ob und wie die entwickelten Lösungen von den betroffenen Mitarbeitern angenommen und umgesetzt werden. Der Wandel muss in und mit den Menschen in den Unternehmen stattfinden. Dies kann aber nur durch Überzeugung gelingen, und zwar im Wesentlichen herbeigeführt durch Kommunikation. So muss sich die Interne Kommunikation mit sozialwissenschaftlichen und sozialpsychologischen Erkenntnissen beschäftigen und sich diese für ihre Strategie zunutze machen, um ihrer Aufgabe im Wertschöpfungsprozess gerecht werden zu können.

Entwicklungsphasen in Veränderungsprozessen

Kommunikation als zentraler Bestandteil der Wertschöpfungskette in Unternehmen trägt langfristig und nachhaltig dazu bei, Unternehmen erfolgreich zu führen. Gerade in Zeiten großer Veränderungen, wie etwa im Zuge der jüngst erlebten Wirtschaftskrise, wirkt ein optimierter Einfluss auf Meinungsbildungsprozesse Unsicherheiten entgegen. Veränderungen, in der täglichen Arbeit erlebte Beschleunigungsphänomene und die komplexen, schwer durchschaubaren Globalisierungsprozesse werden zunächst als irritierende Störung gewohnter Situationen und Abläufe erlebt. Schließlich werden dabei oft über viele Jahre gewachsene Strukturen aufgebrochen und vertraute Verhaltensmuster und Einstellungen in Frage gestellt. Wechsel der Prozessmuster erzeugen in der Regel ein hohes Maß an Instabilität. Und in der Instabilität steigt die Sensibilität bei allen Beteiligten.

Entscheidend dabei ist eine phasen- und zielgruppenadäquate Kommunikation. Um Veränderungsprozesse mit Kommunikationsmaßnahmen professionell unterstützen zu können, sollte man wissen, wie Verbreitungsprozesse verlaufen und von welchen Faktoren es abhängt, ob eine Neuerung von den Mitgliedern einer sozialen Gruppe angenommen oder abgelehnt wird. Eine Strukturierungsmöglichkeit bietet dabei die Diffusionsforschung, nach der sich die Übernahme neuer Ideen und Praktiken in der Regel als ein Prozess aufeinander aufbauender Phasen vollzieht. Von besonderem Interesse ist dabei die zeitlich verzögerte Akzeptanz des Neuen durch die verschiedenen Mitglieder der sozialen Gruppe sowie die Kriterien, die bei der persönlichen Übernahme einer Neuerung eine Rolle spielen.

Ansätze aus der Diffusionsforschung

Der amerikanische Sozialwissenschaftler Everett M. Rogers unterscheidet in einem Prozessmodell fünf aufeinander folgende Schritte, vom ersten Kontakt zu einer Idee bis zu ihrer Übernahme in dauerhaftes Handeln, nämlich knowledge, persuasion, decision, implementation und confirmation (2003, S. 169).

Dieser Ablauf beschreibt einen Prozess, in dem man zunächst Kenntnis über eine Neuerung bzw. Veränderung erhält und dazu eine erste Einstellung oder Meinung bildet. Im nächsten Schritt trifft man eine Entscheidung darüber, ob man die neue Idee grundsätzlich annimmt oder ablehnt. Bei einem positiven Urteil unternimmt man einen ersten Versuch der Übernahme, um schließlich die getroffene Entscheidung abschließend zu bestätigen oder doch endgültig abzulehnen.

Für die Zwecke der Internen Kommunikation in Veränderungsprozessen werden diese fünf Phasen hier nun für den Unternehmensalltag wie folgt aufgegriffen und abgewandelt: Kenntnisnahme, Einschätzung, Entscheidung, Versuch und Unterstützung.

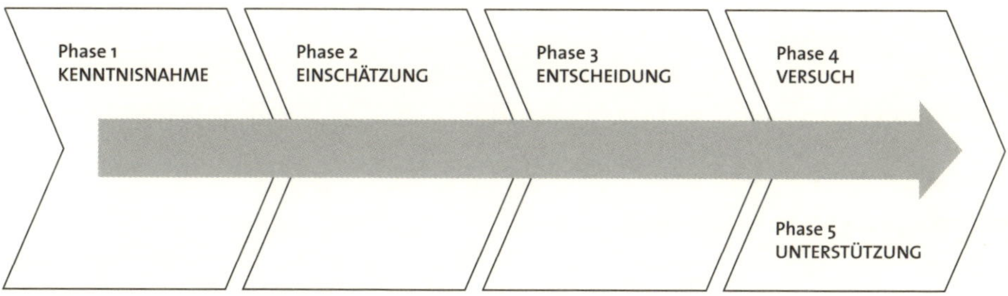

Abbildung 26: Phasen der Veränderung

Im Einzelnen stellen sich diese Phasen wie folgt dar:

Phase 1: Kenntnisnahme

In dieser ersten Phase erhalten die Mitarbeiter Kenntnis von einem Veränderungsthema (z. B. Umstrukturierung, Fusion, Ausgliederung). Es tritt in ihr Bewusstsein, wird zunächst einmal wahrgenommen, ohne dass dem Thema notwendigerweise eine Relevanz für die eigene Arbeit beigemessen wird. Diese Haltung dürfte umso stärker zu beobachten sein, je häufiger zuvor Veränderungsprojekte oder Unternehmensprogramme verkündet wurden, ohne dass eine konsequente Umsetzung erfolgt ist. Mitarbeiter betrachten ein neues Thema dann schlicht als ein weiteres, für sie ebenso wenig relevantes Thema wie alle anderen zuvor – möge es dieses Mal auch noch so ernsthaft vom Management angegangen werden.

Phase 2: Einschätzung

Die zweite Phase wird dann aktiviert, wenn die Mitarbeiter erkennen, dass das aktuelle Thema wohl doch nicht an ihnen vorbei gehen, sondern vermeintlich oder tatsächlich signifikant in ihren Arbeitsalltag eingreifen wird. Jetzt beginnt die Bewertung der neuen, unbekannten Situation. Unsicherheit stellt sich ein, die Vor- und Nachteile werden abgewogen, die Komplexität der Veränderung wird eingeschätzt, eine persönliche Machbarkeitsanalyse vorgenommen. Wie bedrohlich oder chancenreich ist die Veränderung für die eigene Umgebung? Welche Auswirkungen, welches Ausmaß hat sie?

Phase 3: Entscheidung

Erste Versuche werden unternommen, eine Meinung gebildet, das Urteil gefällt. Nimmt man die neue Situation in seinem Arbeitsumfeld an oder lehnt man sie ab? Hier ist es entscheidend für den Unternehmer, an der Meinungsbildung in seinem Unternehmen beteiligt zu sein. Denn ein Urteil fällt so oder so. Die Frage ist nur, auf Basis welcher Informationen und Handlungen? Je mehr Unterstützung die Mitarbeiter erhalten, je mehr Fragen zur Zufriedenheit beantwortet sind, um so eher fällt die Entscheidung zu Gunsten der angestrebten Veränderung.

Phasen 4 und 5: Versuch und Unterstützung

Erst wenn die Mitarbeiter erkannt haben, dass es für sie sinnvoll ist, den aufgezeigten Weg mitzugehen, werden sie einen ernsthaften Versuch unternehmen und die Veränderung schließlich übernehmen – sofern ihr positives Urteil eine Bestätigung findet.

Die für ein Unternehmen wettbewerbsrelevante Übernahme von neuen Ideen und Praktiken werden also im Wesentlichen durch drei zuvor ablaufende Entscheidungsphasen gefördert oder behindert. In jedem Schritt des beschriebenen Prozesses kann es zu einem Abbruch kommen. Wer es demnach nicht schafft, Verständnis zu wecken und die Mitarbeiter vom Sinn des angestrebten Wandels zu überzeugen, wird auch die Umsetzung im Unternehmen nicht zur vollen Zufriedenheit realisieren.

Im Verlauf des gesamten Prozesses spielt die Kommunikation die entscheidende Rolle. Der Verhaltensforscher Konrad Lorenz bringt es in seinem viel zitierten Ausspruch auf den Punkt:

1. Gesagt ist nicht gehört.
2. Gehört ist nicht verstanden.
3. Verstanden ist nicht einverstanden.

4. Einverstanden ist nicht angewandt.
5. Angewandt ist nicht beibehalten.

Adäquater Kommunikationsprozess

Führt man die einzelnen Schritte von Rogers und Lorenz zusammen, erhält man eine Vorgehensweise für die Kommunikation:

1. Will man ein Veränderungsthema in das Bewusstsein der Mitarbeiter bringen, ist dafür zu sorgen, dass sie davon ausreichend oft bzw. intensiv genug gehört haben.
2. Will man die Relevanz des Themas für die Mitarbeiter deutlich machen, ist dafür zu sorgen, dass die Inhalte durchgehend verstanden, die Ausprägung und Auswirkungen der Veränderung deutlich werden.
3. Die Phase der Urteilsbildung geht einher mit dem Erzielen von Einverständnis. Es ist notwendig, die Mitarbeiter davon zu überzeugen, dass die angestrebte Veränderung sinnvoll und machbar ist.
4. und 5. Versuch und Unterstützung, die Bereitschaft zum (Mit)machen und das Neue beizubehalten, müssen kommunikativ begleitet werden, um das in Phase 3 erzielte Einverständnis zu stärken. Unvermeidbare Rückschläge in der Phase der ersten Anwendung dürfen nicht dazu führen, dass die Mitarbeiter ihr Einverständnis zurück nehmen, weil sie sich getäuscht glauben.

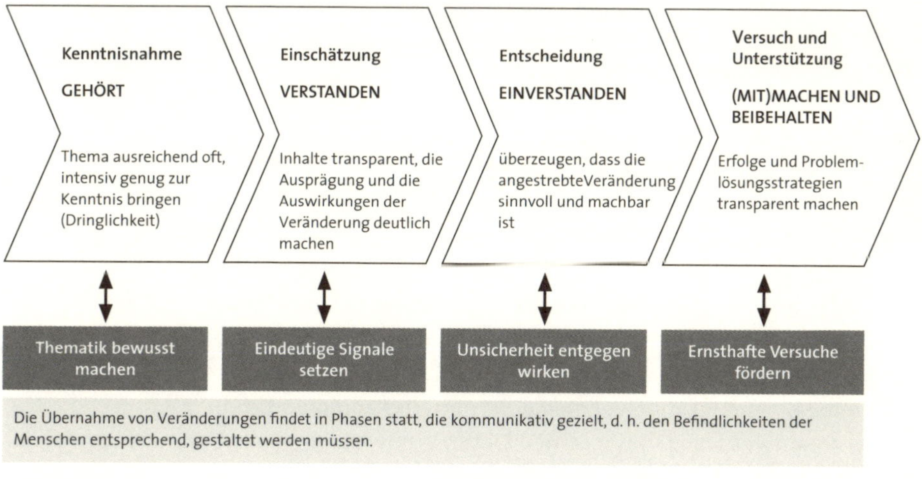

Abbildung 27: Phasenadäquate Kommunikationsmaßnahmen von Anfang an

Die nachfolgende Darstellung soll einen Überblick über mögliche Kommunikationsmaßnahmen geben und erhebt weder einen Anspruch auf Vollständigkeit, noch bildet sie eine patentierte Vorgehensweise ab. Jede Veränderungssituation ist in ihrer Ausprägung wie in ihrem wahrgenommenen Bedrohungspotenzial anders. Vor allem letzteres hängt immer auch von den betroffenen und beteiligten Personen ab und wird zudem beeinflusst durch vom Unternehmen unabhängige Zusammenhänge wie etwa eine Wirtschaftskrise oder die grundsätzliche Situation in einzelnen Branchen.

	VERÄNDERUNGSPHASEN			
	1. Gehört	2. Verstanden	3. Einverstanden	4. (Mit)Machen
AUSWAHL MÖGLICHER MASSNAHMEN	• großer Bericht in Mitarbeiterzeitschrift • E-Mail an Alle von Geschäftsleitung (GL) • Kurzinfos auf den vertrauten Nachrichtenplattformen • Bekanntmachung in den gewohnten Abteilungs-Meetings (erstes Info-Material für FK bereitstellen) • große Kick-off-Veranstaltung • Erläuterung durch GL auf Betriebsversammlung • ...	• FK-Konferenz • ausführliches Info-Material für FK (Fragen-/Antworten-Kataloge, Präsentationsunterlagen...) • spezielle Abteilungs-Meetings (evtl. neue Formate der Veränderung entsprechend) • kurzfristige Hotline (Telefon, E-Mail ...) • tiefer erläuternde Flyer, Broschüren, Intranet-Seiten • moderierte (elektronische) Diskussionsforen • Nutzen regulärer MA-Versammlungen durch GL • ...	• Fortsetzen der Dialogmaßnahmen aus Phase 2 • Blog, Chat o. ä. von/mit GL • Videobotschaften des GL • E-Mail an Alle von Geschäftsleitung (GL) • Workshops (Mitarbeiter und/oder FK) • Plakate, Banner • unterstützendes Mobilisierungsmaterial wie Sticker, Tassen, T-Shirts etc. • Berichte, Interviews, Kommentare, Reportagen in Mitarbeiterzeitschrift zum Verlauf des Veränderungsprozesses • ...	• Berichte etc. in Mitarbeiterzeitschrift • Öffentliche Dokumentation von Erfolgen: Aushänge, Preise, Feiern...) • Follow-up-Veranstaltungen (Konferenzen) • Plakate, Banner • Beibehalten von Abteilungs-Meetings • ...

Abbildung 28: Mögliche Maßnahmen in den Veränderungsphasen

Persönliche Kommunikation vor medial vermittelter Kommunikation

Für die Verantwortlichen der Internen Unternehmenskommunikation heißt es vor der Planung und Durchführung jeglicher Maßnahmen stets, ihre Zielgruppen zu identifizieren und die Gesamtsituation im Unternehmen richtig einzuschätzen. Darüber hinaus kommt es immer mehr auf die Inhalte als auf die Verpackung an. Die Kunst besteht darin, die richtige Mischung von Kommunikationsinstrumenten zu finden, die überzeugende

Botschaften transportieren und so in ihrer Gesamtwirkung schließlich eine Verhaltensveränderung bewirken. Der Kommunikationsauftritt muss insgesamt glaubwürdig sein. Das hängt aber weniger von der Art des Instrumentes selbst ab, sondern vielmehr von den Umständen seines Einsatzes sowie von den enthaltenen Botschaften. Broschüren, Videos, Intranet und Veranstaltungen können noch so aufwändig gestaltet sein: Wenn das Interesse und die aktuelle Einstellung der Mitarbeiter nicht berücksichtigt wird, bleiben sie unbeachtet. Die einzelnen Instrumente können noch so effektiv zum Einsatz kommen: Wenn sie Botschaften transportieren, die zum Beispiel im Gegensatz zum erlebten Arbeitsalltag stehen, oder nicht zum gewählten Instrument passen oder durch das Instrument selbst unglaubwürdig erscheinen, ist die Effizienz gering, bleibt die gewünschte Wirkung aus.

Wird die Interne Kommunikation in der beschriebenen phasenorientierten Weise angegangen, können die Mitarbeiter Identifikationsmöglichkeiten auch in Zeiten der Unsicherheit wahrnehmen. Sie verstehen die strategischen und operativen Unternehmensziele sowie die Gründe für die Veränderung und die Bedeutung für die Zukunft des eigenen Unternehmens. Ebenso werden sie in die Lage versetzt, die Bedeutung und die Auswirkung der Veränderung auf die eigene Arbeit einzuschätzen. Darüber hinaus wird mit der richtigen Kommunikation ein für die Bewältigung von Veränderungen notwendiger Lernprozess in Gang gesetzt und am Leben erhalten.

Aber es sind nicht die Massenmedien wie z. B. Mitarbeiterzeitschrift, Broschüren oder das Intranet, die in den signifikanten Veränderungsphasen von Bedeutung sind. In der Phase der Kenntnisnahme und Bewusstseinsbildung (»Gehört«) sind diese Medien unverzichtbar, denn sie vermitteln die ersten Informationen. Ebenso wie außerhalb des Unternehmens sind die Massenmedien als erste Quelle der Information dominierend. Aber schon in der Phase des erwachten Interesses und der ersten Meinungsbildung (»Verstanden«) wenden sich die Mitarbeiter – wie auch in der Realität außerhalb des Unternehmens – für weitere, detailliertere Informationen an Meinungsführer (zum Beispiel ihre Führungskräfte, *vgl. Kapitel 7: Führungskräftekommunikation*). Massenmedien haben hier nur einen begleitenden, ergänzenden Effekt. Dies intensiviert sich noch in der Phase der Auswertung und Beurteilung (»Einverstanden«).

KOMMUNIKATION IN EINER INTERAKTIVEN SITUATION ERMÖGLICHT

- einen direkten Austausch von Meinungen
- ein unmittelbares Feedback auf mögliche Missverständnisse
- eine umgehende Beseitigung von Unklarheiten

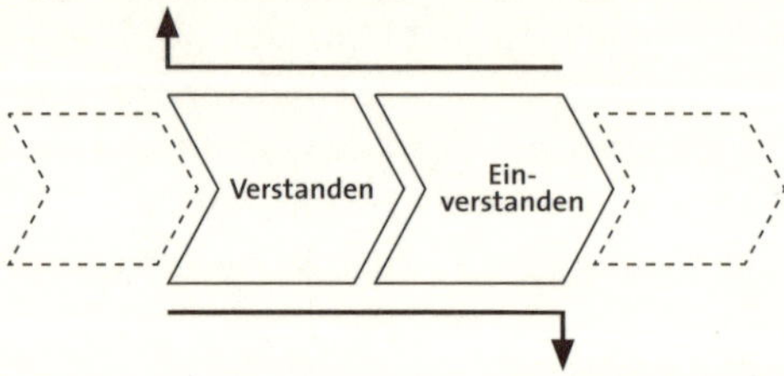

- Massenmedien spielen gegenüber der persönlichen Kommunikation eine untergeordnete Rolle.
- Mitarbeiter weisen Führungskräften die Rolle als Meinungsführer zu.

Abbildung 29: Kommunikation in einer interaktiven Situation

Übernahme und Unterstützung, die beiden letzten Phasen (»Mitmachen« und »Beibehalten«), konzentrieren sich schließlich bereits so stark auf die Anwendung des Neuen, dass die medial vermittelte Information keine entscheidende Rolle mehr spielt. Allerdings sollte man die Kommunikation gerade dann nicht unterschätzen, denn auf die Meinungsführer wird weiterhin gehört. Sie können das Unterfangen bestärken oder es (nachhaltig) in Frage stellen.

Bevor man also irgendwelche offensichtlich oder wahrscheinlich sinnvoll erscheinenden Kommunikationsmaßnahmen ergreift, ist es Erfolg versprechender, sich zunächst den Ablauf von Veränderungsprozessen sowie den Umgang der betroffenen Menschen damit vor Augen zu führen (Phasenmodell). Das führt in der Regel dazu, einige vorschnelle Schritte zu überdenken und bestenfalls zu unterlassen. So zum Beispiel das großzügige Verteilen von unterstützendem Mobilisierungsmaterial mit dem Logo des Veränderungsvorhabens bevor die Menschen überhaupt verstanden haben, um was es geht und auf welche Weise sie davon betroffen sind. Mobilisierung, das sollte deutlich geworden sein, funktioniert nicht ohne den Einsatz der (persönlichen) Kommunikation von Meinungsführern wie vor allem den Führungskräften *(vgl. Kapitel 7: Führungskräftekommunikation)*. Außerdem ist es sinnvoll, das (Kommunikations)Verhalten unterschiedlicher Veränderungstypen im Verlauf des Prozesses zu berücksichtigen (siehe weiter unten), um für diese Zielgruppen die richtigen, mobilisierungsfähigen Kommunikationsinhalte über geeignete

Kommunikationskanäle leiten zu können. Auf allen diesen Ebenen können Meinungsführer angesprochen und mit dem richtigen Kommunikationsmanagement zu Meinungsbildnern im Sinne des Veränderungsvorhabens weiter entwickelt werden. Erst am Schluss aller Überlegungen und Vorbereitungen stehen dann die Maßnahmen im geeigneten Mix von Massenmedien und persönlicher Kommunikation (siehe weiter oben).

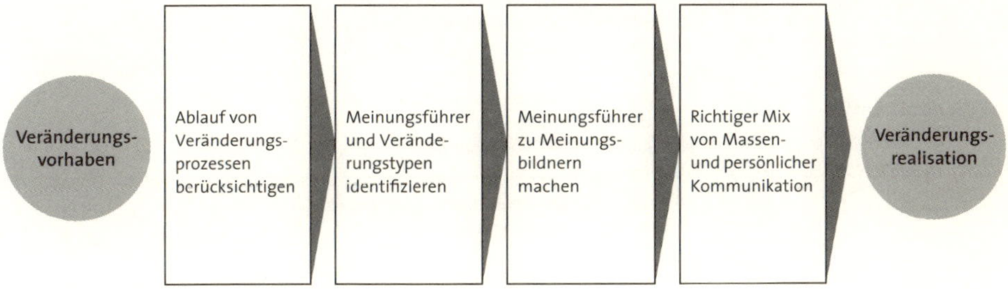

Abbildung 30: Vorgehen beim Kommunikationsmanagement in Veränderungsprozessen

Zielgruppenorientierung unter dem Aspekt »Veränderung«

In Kapitel 5 Anspruchsgruppen und Zielgruppen haben wir gesehen, in welcher Differenzierung die Ansprache der sozialen Gruppe »Belegschaft« sinnvoll ist. Dazu zählte auch eine Zielgruppeneinteilung nach ihrer Rolle in Veränderungsprozessen. Diese nimmt Bezug auf die Bereitschaft der Gruppenmitglieder, eine Veränderung mitzutragen. Auch diese Zielgruppeneinteilung kann mit Hilfe der Diffusionsforschung näher beschrieben werden.

Everett M. Rogers unterscheidet fünf Veränderungstypen, die unterschiedlich auf den Eintritt einer Innovation, einer Neuerung oder Veränderung reagieren: innovators, early adopters, early majority, late majority, laggards (2003, S. 282 ff.). (Diese Typologisierung von Rogers bezieht auch demografische Eigenschaften oder sozioökonomische Charakteristika mit ein, welche aber für unsere Zwecke auf die sozialen Gruppierungen in einem Unternehmen nicht einfach übertragbar sind. Valide Untersuchungen liegen derzeit noch nicht vor. Es wäre sicherlich interessant, diesen Aspekt auch im Hinblick auf die soziale Gruppe in Unternehmen zu untersuchen. Sie spiegelt in der Regel zwar grundsätzlich die Zusammensetzung der allgemeinen Bevölkerung wider, kann aber abhängig vom Produktportfolio, der Kundenstruktur oder anderen Faktoren eben doch auch eine unternehmensspezifische Ausprägung haben.)

Rogers Veränderungstypen bezeichnen wir hier wie folgt: Die Innovatoren, Die frühen Umsetzer, Die frühe Mehrheit, Die späte Mehrheit, Die Nachzügler.

DIE INNOVATOREN	sind die ersten, die neue Ideen aufgreifen (ca. 2-3 Prozent einer Gruppe)
DIE FRÜHEN UMSETZER	haben großen Einfluss auf andere; ihre Meinung wird beachtet (ca. 10 Prozent einer Gruppe)
DIE FRÜHE MEHRHEIT	folgt den frühen Umsetzern (ca. ein Drittel einer Gruppe)
DIE SPÄTE MEHRHEIT	wartet, bis eine signifikante Anzahl der frühen Mehrheit die neuen Ideen aufgegriffen hat (ca. ein Drittel einer Gruppe)
DIE NACHZÜGLER	stehen Neuerungen eher negativ gegenüber (ca. 15 Prozent einer Gruppe)

Abbildung 31: Veränderungstypen nach E.M. Rogers

Veränderungstypen nach Everett M. Rogers

Die Innovatoren machen zwei bis drei Prozent ihrer sozialen Gruppe aus. Sie sind durch eine hohe Risikobereitschaft charakterisiert und nehmen neue Ideen schon an, wenn diese noch nicht voll durchdacht oder abgesichert sind. Auf diese Weise agieren sie als Impulsgeber. Sie sind intensive Nutzer von Massenkommunikationsmittel, aus denen sie die (Fach)Informationen ziehen, auf deren Basis sie ihre Entscheidungen treffen und Handlungen einleiten. So reagieren sie auf Inhalte, die das Neuartige hervorheben, die Zukunftsaussichten, das damit verbundene Prestige und mögliche Chancen. Da die Innovatoren sich schon sehr früh mit einer neuen Situation oder einem neuen Produkt auseinander setzen, interessiert sie für die Beurteilung des Neuen auch Branchenvergleiche oder die Beschreibung der Wettbewerbsaktivitäten. Von den anderen Mitgliedern ihrer sozialen Gruppe werden sie zwar – durchaus wohlwollend – wahrgenommen, haben auf sie aber in der Regel einen eher geringen Einfluss, da man sie (im Abgleich mit der Unternehmenskultur) als skurril und sonderbar betrachtet.

Die frühen Umsetzer haben eine geringere Risikobereitschaft als die Innovatoren, sind jedoch bereit, in Veränderungsprozessen eine höhere Unsicherheit zu tolerieren als die Mehrheit ihrer sozialen Gruppe und nehmen die neue Situation daher relativ früh an. Ihr Anteil an der Gruppe beträgt etwa 10 Prozent. Dennoch haben die frühern Umsetzer einen großen Einfluss auf gut 60 Prozent ihrer sozialen Gruppe, welche sich bei ihrer

Meinungsbildung nach den Empfehlungen der frühen Umsetzer richten. Denn anders als die Innovatoren sind die frühen Umsetzer stärker in ihr soziales Umfeld (= in die Unternehmenskultur) integriert und nehmen darin eine Meinungsführerrolle ein. Die frühen Umsetzer reagieren für ihre Meinungsbildung insbesondere auf Inhalte, die die Chancen und Risiken der neuen Situation oder Produkte erläutern und Zukunftsaussichten und Vorteile beschreiben. Darüber hinaus ist es für sie hilfreich, wenn sie den Umgang mit der Neuerung durch Innovatoren erkennen können. In diesem Zusammenhang ist auch die Wahrnehmbarkeit des CEO oder einer vergleichbaren Funktion in der sozialen Gruppe eine Unterstützung.

Die frühe Mehrheit umfasst gut 30 Prozent der sozialen Gruppe und folgt in ihren Entscheidungen und Handlungen den frühen Umsetzern, sobald sie bei ihnen erkennen, dass die Vorteile die Nachteile überwiegen können. So sind sie weniger durch ihre Risikobereitschaft gekennzeichnet als mehr durch ihr verhaltenes Abwarten und Abwägen. Die Mitglieder der frühen Mehrheit sind allerdings aufmerksam in Richtung der Neuerung und reagieren schneller als die späte Mehrheit, müssen aber dennoch nachhaltig überzeugt werden. Grundsätzlich sprechen sie auf Massenkommunikationsmittel daher nur bedingt an und ziehen die Informationen für ihre Entscheidungen lieber aus Formen der persönlichen Kommunikation, die sie gerne mit Mitgliedern der frühen Umsetzer austauschen. Allerdings suchen und nutzen sie auch deren Aussagen und Meinungen in Massenkommunikationsmittel. In der Kommunikation reagieren sie besonders auf Inhalte, die ihnen eine Orientierung im Hinblick auf ihre persönliche, individuelle Situation geben können. Sie wollen von der grundsätzlichen Machbarkeit des Neuen und gleichzeitig von der Ernsthaftigkeit der Führung bei der Umsetzung überzeugt werden. Der Blick auf frühe Umsetzer kann dabei helfen.

Die späte Mehrheit umfasst weitere gut 30 Prozent ihrer sozialen Gruppe. Wie die frühe Mehrheit müssen diese Gruppenmitglieder nachhaltig überzeugt werden, eine Neuerung anzunehmen. Denen gegenüber sind sie jedoch besonders skeptisch eingestellt und akzeptieren sie oft erst unter relativ starkem Druck. Massenkommunikationsmittel nutzen sie zwar, aber eher nachlässig. Als Überzeugungsgrundlage kann diese Form der Kommunikation nicht dienen. Wirksame Kommunikationsinhalte sind vergleichbar mit denen für die frühe Mehrheit, allerdings müssen sie intensiver beziehungsweise zeitlich länger vermittelt werden.

Die Nachzügler machen etwa 15 Prozent ihrer sozialen Gruppe aus. Ihr Verhalten ist an Traditionen orientiert. Veränderungen lehnen sie ab, sei es, weil sie nicht informiert sind und sich auch nicht aktiv darum kümmern oder weil sie Neuerungen gegenüber generell negativ eingestellt sind. Obwohl diese Gruppenmitglieder einen insgesamt geringen Anteil an der gesamten sozialen Gruppe haben und für die Durchsetzung einer Veränderung im Grunde nicht bedeutsam sind, muss man dennoch stets ein Auge auf sie haben. Denn wenn sie ihre Ablehnung aktiv zum Ausdruck bringen, können sie als Störfaktoren wahrnehmbar sein und eine latente Gefahr für die Umsetzung der Veränderung sein.

Kommunikationsarbeit mit den unterschiedlichen Veränderungstypen

Für die Interne Kommunikation stellt sich nun die Frage, wie die Veränderungstypen im Unternehmen zu identifizieren sind und welche Kommunikationsmittel sinnvoller Weise zum Einsatz kommen sollten, um die einzelnen Mitarbeitergruppen wirkungsvoll anzusprechen.

Auf den ersten Blick dürfte klar sein, dass niemand ein Schildchen vor der Stirn trägt, aus dem die Zugehörigkeit zu den Veränderungstypen hervorgeht. Vielleicht würde eine Mitarbeiterbefragung, die mit gezielten Fragen die Einstellung zu einer bestimmten Veränderung hinterfragt, Auskunft geben über die aktuelle Veränderungsbereitschaft der Belegschaft. Da Mitarbeiterbefragungen aber immer anonymisiert durchgeführt werden müssen *(vgl. Kapitel 4: Rechtliche Rahmenbedingungen)*, wird das Ergebnis zwar deutlich machen, in welcher Veränderungsphase sich die Belegschaft in ihrer Mehrheit befindet. Es werden aber natürlich keine Individuen erkennbar sein, denen eine bestimmte Veränderungseinstellung zuzuordnen ist und die man dann gezielt zum Beispiel als »Frühe Umsetzer« ansprechen könnte.

Legt man Rogers Erkenntnisse über die Zusammensetzung einer sozialen Gruppe im Rahmen einer Neuerung oder Veränderung prinzipiell zugrunde, kann man davon ausgehen, dass jede Belegschaft oder ihre Subgruppen wie etwa Unternehmensbereiche, ebenso zusammengesetzt sind. Wir wissen also, dass es rund zwei Prozent Innovatoren gibt, 10 Prozent frühe Umsetzer, ein Drittel frühe Mehrheit etc. Jede dieser Gruppen nimmt in der sozialen Einheit eine bestimmte Rolle ein, die einen Einfluss auf eine oder mehrere der anderen Gruppen hat oder haben kann. Ziel muss es sein, eine signifikante Größenordnung der Belegschaft dahin zu bringen, die Veränderung dauerhaft umzusetzen. Dabei sind die Innovatoren Impulsgeber, die frühen Umsetzer Meinungsführer, die frühe Mehrheit unter Umständen ebenfalls im Hinblick auf die später Mehrheit, sofern die frühen Umsetzer alleine hier nichts bewegen konnten.

Die Interne Kommunikation muss sich in diesem Zusammenhang überlegen, welche kommunikativen Inhalte geeignet sind, die Aufmerksamkeit der jeweiligen Veränderungstypen zu erzielen, und über welche Kanäle diese Inhalte bevorzugt vermittelt werden müssen. Die jeweiligen Veränderungstypen werden sich die für sie bestimmte Botschaft auf Basis ihrer grundsätzlichen Affinität aus dem Gesamtangebot heraussuchen und ihre

Handlungen daraus ableiten. Diese wiederum werden von anderen beobachtbar sein, um so mehr wie die Interne Kommunikation dafür Plattformen schafft. Wer die Belegschaft kennt und weiß, wie sie »tickt«, wird auch in der Lage sein, einzelne Innovatoren und frühe Umsetzer zu identifizieren und für eine Stellungnahme oder einen Bericht zum Beispiel in der Mitarbeiterzeitschrift zu gewinnen.

Typus	zentrale Botschaften	bevorzugte Mittel	großer Einfluss
Die Innovatoren	neu, Zukunft, Prestige, Chancen, Branchenvergleich, Wettbewerb	Print und elektronische Massenkommunikation	Impulsgeber in den Veränderungsphasen 1 und 4
Die frühen Umsetzer	Chancen und Risiken, Zukunft, Vorteile, Vorbilder sein, Blick auf Innovatoren und CEO	Massenkommunikation und Formen der persönlichen Kommunikation	Meinungsführer in den Veränderungsphasen 2 und 3
Die frühe Mehrheit **Die späte Mehrheit**	persönliche Orientierung, grundsätzliche Machbarkeit, Ernsthaftigkeit der Führung, Blick auf frühe Umsetzer	Formen der persönlichen Kommunikation, auch Austauschmöglichkeiten auf elektronischen Plattformen	↕ Differenzierung durch Intensität bzw. Dauer
Die Nachzügler	keine spezifischen	keine spezifischen	

Abbildung 32: Kommunikationsarbeit mit den Veränderungstypen

Lesehinweise

Buchholz, Ulrike (2009): »Mobilisierung als Herausforderung. Interne Kommunikation im 21. Jahrhundert«. In: Berg, Hermann-Josef und Kalthoff-Mahnke, Michael (Hrsg.): »Jahrbuch Interne Kommunikation 2009. Perspektiven der Internen Kommunikation. Die Besten – Mitarbeiterzeitungen und -zeitschriften in Deutschland«. Dortmund: EDITION INKOM, S. 16-23. Auch online abrufbar unter: http://opus.bsz-bw.de/fhhv/frontdoor.php?source_opus=278&la=de (15.06.2010)

Der Fachartikel beleuchtet die letzten rund 10 Jahre Interne Unternehmenskommunikation und setzt sich angesichts der großen Umbrüche in der Wirtschaft mit den veränderten Anforderungen an die Mitarbeiterkommunikation und ihren Wertschöpfungsbeitrag auseinander. Das Modell für Mobilisierung steht dabei im Mittelpunkt der Überlegungen.

Buchholz, Ulrike (2004): »20 Jahre Interne Kommunikation. Von der Mitarbeiterzufriedenheit zum Mitarbeiterengagement«. In: Berg, Hermann-Josef / Kalthoff-Mahnke, Michael / Wolf, Eberhard (Hrsg.): »Die Besten – Mitarbeiterzeitungen und -zeitschriften in Deutschland. Perspektiven der Internen Kommunikation«. Bonn: mitp-Verl., S. 12-23. Auch online abrufbar unter: http://opus.bsz-bw.de/fhhv/frontdoor.php?source_opus=264&la=de (15.06.2010)

Dieser Artikel befasst sich mit der Entwicklung der Internen Unternehmenskommunikation insbesondere vor dem Hintergrund des beginnenden Change Managements in den 90er Jahren des 20. Jahrhunderts, beleuchtet aber auch die dieser Zeit vorausgehende Situation in der wirtschaftlichen Stabilität der 70er bzw. 80er Jahre. Dabei wird deutlich, dass es im Hinblick auf den Wertschöpfungsbeitrag der Internen Kommunikation einen Wechsel gab vom Modell für Zufriedenheit zum Modell für Engagement.

Deekeling, Egbert (2008): »Kommunikation im Corporate Change: Maßstäbe für eine neue Managementpraxis«. 2., vollst. überarb. Aufl., Wiesbaden: Gabler

Das Buch befasst sich mit dem Thema Veränderungen und ihre Kommunikationsanforderungen vor allem auf Basis verschiedener anschaulicher Fälle aus der Unternehmenspraxis, die eingehend beleuchtet werden. Ergänzt werden die Darstellungen durch aktuelle Interviews mit Topmanagern.

Mast, Claudia (2008): »Unternehmenskommunikation«. Ein Leitfaden, 3., neu bearb. u. erw. Aufl., Stuttgart: UTB

Wer als Einstieg in das Thema rund um Kommunikation in Veränderungsprozessen eine erste fundierte Übersicht erhalten möchte, findet diese in Kapitel 15 dieses Standardwerks unter dem Titel »Change Communication«.

Mast, Claudia (2008): »Change Communication«. In: Meckel, Miriam und Schmid Beat F. (Hrsg.): »Unternehmenskommunikation. Kommunikationsmanagement aus Sicht der Unternehmensführung«. 2. Aufl., Seite 403-434
In diesem Buch befasst sich die Autorin mit dem Thema der Kommunikation in Veränderungsprozessen ausführlicher und feiner strukturiert als in ihrem eigenen Standardwerk, verwendet zahlreiche erläuternde Abbildungen und ergänzt ihre Darstellung durch ein Fallbeispiel.

Mohr, Niko und Woehe, Jens Marcus (1998): »Widerstand erfolgreich managen. Professionelle Kommunikation in Veränderungsprojekten«. Frankfurt/Main: Campus
Dieses Buch ist für diejenigen Leser interessant, die ihre Kommunikationsarbeit auf einem anderen Veränderungsbereitschaftsmodell als dem in vorliegendem Buch beschriebenen aufbauen wollen. Die Autoren stellen eine Akzeptanzmatrix vor, die Promotoren, Skeptiker, Widerständler und Bremser unterscheidet.

Pfannenberg, Jörg (2009): »Veränderungskommunikation. So unterstützen Sie den Change-Prozess wirkungsvoll. Themen, Prozesse, Umsetzung«. 2., veränd. Aufl., Frankfurt: Frankfurter Allgemeine Buch
Das Buch erläutert für Einsteiger die Anforderungen an die Kommunikation in Veränderungsprozessen nach intern und extern und beschreibt, welche Instrumente und Vorgehensweisen zu welcher Art Veränderungsprojekt passen können und was besser unterlassen werden sollte. Konkretisiert wird die Darstellung anhand zahlreicher Praxisbeispiele.

Rogers, Everett M. (2003): »Diffusion of Innovations«. 5. ed., New York: Free Press
Ausführliche Darstellung des Prozessmodells von Rogers.

Kapitel 9
Kommunikationscontrolling: Voraussetzung für ein effektives und effizientes Kommunikationsmanagement

Immaterielle Werte wie Image, Reputation oder auch die Motivation und Identifikation von Mitarbeitern stellen zunehmend einen entscheidenden Wettbewerbsvorteil dar. Ihre Gestaltung und Steuerung stehen demzufolge wie alle anderen strategisch relevanten Unternehmensaufgaben im Fokus des Unternehmenscontrollings. Dabei geht es konkret um drei Ansatzpunkte, nämlich die reine Evaluation von einzelnen Kommunikationsmaßnahmen, etwa im Rahmen einer Kampagne, die grundsätzliche Steuerung der von der (Internen) Unternehmenskommunikation verantworteten Kommunikationsprozesse sowie um die strategische Einbindung dieser Prozesse in den ganzheitlichen Qualitätsmanagementprozess eines Unternehmens. Sowohl die singuläre Erfolgsmessung, wie auch die Bewertung der gesamten Kommunikationsleistung mit Blick auf ihren Anteil am Gesamtwertschöpfungsprozess des Unternehmens kann mit Hilfe des Output-Outflow-Modells (auch DPRG/ICV-Bezugsrahmen) erfolgen. Dabei steht die Beurteilung von Effektivität (Die richtigen Dinge ...) und Effizienz (... richtig machen) im Mittelpunkt der Untersuchung. Das trifft auch auf die Einschätzung von Geschäftsprozessen im Rahmen eines Qualitätsmanagements zu, die etwa über das EFQM-Modell erfolgen kann. Das Modell arbeitet mit sogenannten Befähiger- und Ergebniskriterien, welche zahlreiche Anknüpfungspunkte für die (Interne) Unternehmenskommunikation aufweisen. So kann man die Leistungen der Kommunikation in den einzelnen Kriterien identifizieren, sie im Hinblick auf ihr Potenzial für die gesamten Geschäftsprozesse des Unternehmens bewerten und Verbesserungspotenziale bestimmen.

Das Treffen und Durchsetzen von Entscheidungen im Rahmen der Unternehmensstrategie haben wir in Kapitel 1 als Grundbedingung für die Handlungsfähigkeit des Unternehmens identifiziert. Kommunikationsarbeit muss, so wurde weiterhin deutlich, diesen Prozess unterstützen, um ihrerseits die Unterstützung des Unternehmens und seiner Handlungen durch die Anspruchsgruppen zu bewirken und zu stabilisieren. Kommunikation ist mithin dann erfolgreich, wenn sie dem Unternehmen Handlungsfreiheit verschafft. Das kann bewirkt werden etwa durch das Schaffen von Markenbewusstsein oder den

Aufbau eines Images genauso wie durch die Stützung eines Aktienkurses oder die Ansprache und Bindung von guten Mitarbeiterinnen und Mitarbeitern. Solche erfolgsrelevanten Faktoren werden auch als immaterielle Werte oder Intangible Assets bezeichnet. Image, Reputation, die Motivation der Mitarbeiter und ihre Identifikation mit ihrem Unternehmen oder das Vertrauen der Kunden und anderer Anspruchsgruppen stellen als solche immateriellen Werte für ein Unternehmen zunehmend einen entscheidenden Wettbewerbsvorteil dar.

Die Unternehmenskommunikation und als deren Teilbereich die Interne Kommunikation rücken dadurch mehr und mehr in den Fokus der Unternehmensleitung. Ihre Leistung, nämlich die Gestaltung und Steuerung der genannten immateriellen Werte, wird zunehmend als strategische Unternehmensaufgabe betrachtet und in diesem Zusammenhang konsequenterweise den Anforderungen des Unternehmenscontrollings unterstellt. Zudem wird die Bedeutung der immateriellen Werte verstärkt durch die internationale Rechnungslegung (IFRS, US-GAAP) und die Reform des deutschen Handelsgesetzbuches (HGB), welche diesen Faktoren im Hinblick auf den Gesamterfolg eines Unternehmens deutlich mehr Aufmerksamkeit widmen und sie dadurch für den Wertschöpfungsprozess aufwerten. *(vgl. Kapitel 4)*

Die Bedeutung der Kommunikationsleistung im Wertschöpfungsprozess schlägt sich ebenfalls nieder in den in vielen Unternehmen angewandten Qualitätsmanagementprozessen und Bewertungsmodellen, wie zum Beispiel im EFQM-Modell.

Das Kommunikationscontrolling ist unter drei Aspekten zu betrachten:

1. die reine Evaluation von einzelnen Kommunikationsmaßnahmen beziehungsweise deren Gesamterfolg etwa im Rahmen einer Kampagne,
2. die grundsätzliche Steuerung der von der (Internen) Unternehmenskommunikation verantworteten Kommunikationsprozesse,
3. die strategische Einbindung dieser Prozesse in den ganzheitlichen Qualitätsmanagementprozess eines Unternehmens.

Das Output-Outflow-Modell

Die Evaluation stellt in der Konzeptentwicklung die letzte Phase nach Analyse, Planung und Umsetzung dar. Auf der Ebene der Kommunikationsmaßnahmen übernimmt sie die rückblickende, mitlaufende oder vorausschauende Erfolgskontrolle einzelner Aktivitäten oder deren Gesamtablauf anhand inhaltlicher Meilensteine und Budgetziele. In der Internen Unternehmenskommunikation gehören dazu beispielsweise die Überwachung der Effektivität oder Effizienz einer Mitarbeiterzeitschrift, etwa durch eine Leserbefragung, die Manöverkritik im Rahmen der Durchführung einer Mitarbeiterversammlung oder die Auswertung des Intranetangebots, etwa im Hinblick auf das Nutzungsverhalten.

Als Standard für die Strukturierung der Erfolgsmessung von einzelnen Kommunikationsleistungen hat sich mittlerweile die Zuordnung von Evaluationsmaßnahmen in das vierstufige Modell von Output, Outgrowth, Outcome und Outflow durchgesetzt, wobei letztere Stufe schon mehr dem Kommunikationsprozess als Ganzem zuzuweisen ist. Die vier Stufen bauen logisch aufeinander auf.

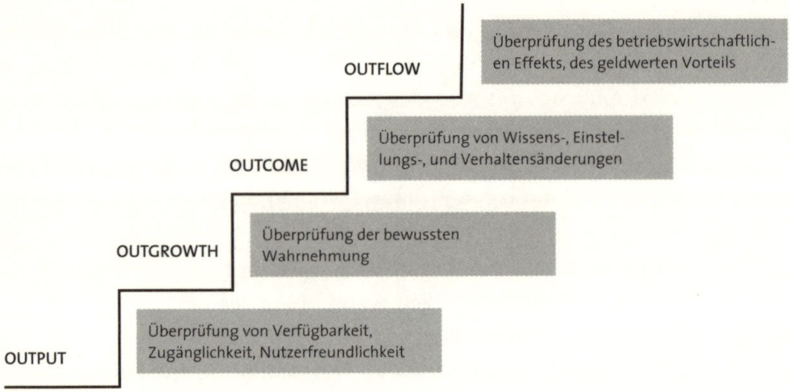

Abbildung 33: Evaluationsansätze des Output-Outflow-Modells

Die erste Stufe, Output, misst, ob eine PR-Maßnahme grundsätzlich in die Öffentlichkeit gelangt ist. Sie prüft also die Verfügbarkeit, Zugänglichkeit und Nutzerfreundlichkeit der Kommunikation für die definierten Zielgruppen. Denn nur wenn diese auf die Botschaften des Unternehmens aufmerksam werden, können diese aufgenommen und verarbeitet werden und nur dann überhaupt zur gewünschten Wirkung führen. In unserem Fall wäre zu hinterfragen, ob eine bestimmte Kommunikationsleistung bei der Zielgruppe Mitarbeiter überhaupt wahrnehmbar oder erkennbar war. Beispielsweise könnte die Anzahl von Teilnehmern auf einer Veranstaltung ermittelt, die Aufrufe einer bestimmten Seite im Intranet ausgewertet oder die Zahl von Mitarbeiterzeitschriften erhoben werden, die aus allgemein zugänglichen Sammelständern entnommen werden können.

Die zweite Stufe, Outgrowth, misst, ob die Kommunikationsmaßnahme bei der Zielgruppe, in unserem Fall bei den Mitarbeitern, konkret angekommen ist. Hinterfragt wird dabei etwa, ob sie sich an vermittelte Inhalte erinnern und diese auch so wahrgenommen haben, wie es beabsichtig war. Das Unternehmen will seine Hauptaktivitäten auf den Wachstumsmarkt Asien konzentrieren und strebt vor diesem Hintergrund eine Anpassung der Organisationsstrukturen oder der Arbeitsabläufe an. Wurde das verstanden? Messinstrumente sind auf dieser Stufe in aller Regel quantitative oder qualitative Befragungen unterschiedlicher Intensität, je nachdem, welche Wahrnehmungstiefe oder welche Details man konkret ermitteln möchte.

Auf der dritten Stufe, Outcome, wird gemessen, ob die wahrgenommene Kommunikationsmaßnahme oder die – möglicherweise zu einer Kampagne gebündelte – Summe der Gesamtaktivitäten zu einer Wissens-, Einstellungs- oder Verhaltensänderung, natürlich möglichst der angestrebten, geführt hat. Haben sich die Ängste im Rahmen der geplanten Umorganisation beruhigt? Stehen die Mitarbeiter dem Wachstumsvorhaben des Unternehmens nun positiv(er) gegenüber? Verstehen sie die Zusammenhänge? Erkennen sie Chancen und Herausforderungen? Investieren sie materielle oder immaterielle Ressourcen in ihr Unternehmen (Erwerb von Unternehmensaktien, Einbringen von Know-how, aktiver Austausch von Wissen etc.)? Neben der einfachen Auswertung erhobener Daten dienen hier wie auf Stufe zwei am besten quantitative oder qualitative Befragungen zur Ermittlung der gewünschten Informationen.

Die vierte Stufe, Outflow, fokussiert die betriebswirtschaftlichen Effekte erfolgreicher Kommunikationsarbeit. Sie gibt an, welchem geldwerten Vorteil das Ergebnis, in der Regel der Summe, von Kommunikationsmaßnahmen entspricht. Die Stufe beschreibt also den (finanziellen) Wertschöpfungsbeitrag der Unternehmenskommunikation am Unternehmenserfolg. Mit Blick auf die Interne Kommunikation wird zum Beispiel der Anteil an einer Produktivitätssteigerung hinterfragt, das Vorhandensein von Immunität gegenüber externen, auf das Unternehmen gerichtete, den eigenen Inhalten gegenläufigen Botschaften oder das Ausmaß der Bindung der Mitarbeiter an das Unternehmen. Diese Beispiele zeigen aber auch, dass ein alleine auf die Kommunikationsarbeit zurückzuführender Effekt kaum isolierbar und nachweisbar ist. Denn es gibt zu viele andere Einflussgrößen, wie etwa die konkrete Personalarbeit, die Bedeutung der Produkte oder Dienstleistungen des Unternehmens in der Gesellschaft oder eine die gesamte Branche betreffende Wirtschaftskrise, welche für Einstellung und Verhalten der Anspruchsgruppen, hier der eigenen Mitarbeiter ebenfalls eine Rolle spielen. Dennoch hat die Kommunikation zweifellos einen großen Anteil, der im Rahmen des Kommunikationsmanagements erhoben und nachgewiesen werden kann.

Kommunikationscontrolling als Aspekt des Kommunikationsmanagements

Der Verkäufermarkt von einst ist inzwischen zu einem sehr differenzierten Käufermarkt geworden. Dadurch sind die Grenzen des Systems »Unternehmung« wesentlich weiter zu fassen, und sie sind deutlich durchlässiger geworden, was eine eindimensionale

Steuerung von Entscheidungen und Handlungen nahezu unmöglich macht. Denn wie in Kapitel »Unternehmensführung« erläutert, haben die Anspruchsgruppen eines Unternehmens einen wachsenden Einfluss auf seine Handlungsoptionen und nehmen somit einen hohen Stellenwert mit Blick auf die Unternehmensführung ein. Während diese ursprünglich selbst entschieden haben, wann sie mit welcher Zielgruppe durch welches Medium kommunizieren, müssen sie sich nun auf einen Kommunikationsprozess einstellen, den die Anspruchsgruppen weitgehend steuern. Das heißt aber, dass sich die Unternehmensführung, gerade wenn sie prozessorientiert agiert, viel stärker und zudem konsistent mit ihren Anspruchsgruppen auseinandersetzen muss, als es bisher üblich war.

Kommunikationsmanagement und speziell der Bereich Kommunikationscontrolling unterstützt die Unternehmensführung dabei, die Kommunikation mit ihren Anspruchsgruppen strategisch auszurichten und das so im Wertschöpfungsprozess erarbeitete Kapital aus der Gestaltung und Steuerung der immateriellen Werte in die gesamtbetriebswirtschaftliche Bilanzierung einzuordnen.

Effektivität und Effizienz als Grundlage des Kommunikationscontrollings

Folglich ist die Verknüpfung der Kommunikation mit der Unternehmensstrategie dafür von zentraler Bedeutung. Die (Interne) Unternehmenskommunikation muss ihre Maßnahmen so planen und umsetzen, dass zwischen ihnen und den Unternehmenszielen eine nachvollziehbare Linie erkennbar ist. Transparenz der Prozesse, von der Strategieentwicklung bis zur Finanzierung und Ergebnisdarstellung, ist mithin eine wesentliche Anforderung an das Kommunikationsmanagement. Diese Prozesse steuerbar und messbar zu machen, ist, als Teil des Kommunikationsmanagements, Aufgabe des Kommunikationscontrollings. Nur so gelingt es, die Kommunikationsleistung strukturiert und methodisch auf die Wertschöpfung des Unternehmens auszurichten und für Effektivität und Effizienz der eigenen Prozesse zu sorgen. Darein fließen natürlich auch die oben erläuterten Erfolgsmessungen im Rahmen der Evaluation. Sie sind Teil der Gesamtstrategie und der umfassenden Maßnahmen eines Kommunikationsmanagements.

Für die Interne Unternehmenskommunikation stellt sich grundsätzlich die Aufgabe, die Mitarbeiterkommunikation konsequent an den Unternehmenszielen auszurichten. Wenn ihr das gelingt, ist sie Wert schöpfend. Dies schlägt sich zum einen nieder in der richtigen langfristigen Strategie für den Aufbau immaterieller Werte als Beitrag zur Sicherung von Wettbewerbsvorteilen und Rentabilität. Zum anderen ist die Wertschöpfung wirksam im konsequent organisierten Tagesgeschäft, durch das die Realisierung eher kurzfristiger ökonomischer Erfolge unterstützt wird.

Prinzipiell sollte man die Maßnahmen für die Wertschöpfung also sowohl auf ihre Effektivität (Die richtigen Dinge ...) als auch auf ihre Effizienz (... richtig machen) überprüfen.

Effektivität fördert die strategische Integration

Jenseits inhaltlicher Fragen geht es bei der Überprüfung der Effektivität zunächst um die grundsätzliche Strategie, nämlich darum, ob die Ausrichtung der Internen Kommunikation, ihre Strukturen und Prozesse im Hinblick auf die Anbindung an die Unternehmensziele, die grundsätzlich richtigen und dazu geeignet sind, die Integration der Kommunikation im Unternehmen zu fördern. Dazu ist zum Beispiel der organisatorische und personelle Aufbau der Funktion zu betrachten und die Kompetenzen und Verantwortlichkeiten sind zu überprüfen. Außerdem muss ein sorgfältiger Blick auf die Gestaltung der Zusammenarbeit mit Dienstleistern geworfen werden, und interne Schnittstellen müssen auf ihre Funktionalität hin überprüft werden.

Effizienz sorgt für operative Exzellenz

Die Frage nach der Effizienz gilt dem operativen (Tages)Geschäft in der (Internen) Unternehmenskommunikation. Hier gilt es, die Prozessqualität aller Aufgaben auf den Prüfstand zu bringen, sei es die Erstellung der Mitarbeiterzeitschrift, die Gestaltung der elektronischen Kommunikation, wie das Intranet oder die Information über einen E-Mail-Newsletter, oder die Organisation von Veranstaltungen. Will die Interne Unternehmenskommunikation an dieser Stelle einen Wertbeitrag leisten, muss sie ihre Arbeitsprozesse so organisieren, dass das darin liegende Erfolgspotenzial möglichst umfassend ausgeschöpft wird. So sollten zum Beispiel alle bislang eingeführten Kommunikationskanäle dahingehend überprüft werden, ob sie von den Mitarbeitern überhaupt frequentiert werden. Dazu können Befragungen herangezogen werden, die keineswegs immer umfangreich sein müssen. Es reicht oft, wenn die Nutzungsintensität sowie Anregungen und Wünsche für Verbesserungen hinterfragt werden. Dementsprechend kann man die Kommunikationskanäle unverändert beibehalten, optimieren oder durch andere, geeignetere ersetzen beziehungsweise ergänzen.

Unter dem Aspekt der Effizienz wird außerdem noch die Konsistenz von ganzen Kommunikationsprogrammen dahingehend durchleuchtet, ob sie stringent und widerspruchsfrei angelegt sind und das Budget ausbalanciert eingesetzt wird.

Alles in allem müssen im Hinblick auf Effektivität und Effizienz die Arbeitsabläufe selbst sowie ihre Gestaltung und ihre Ausführung so organisiert werden, dass sie einer an den Unternehmenszielen ausgerichteten Kommunikationsstrategie dienen können.

Methoden des Controllings oder wie man Wirkung messen kann

In der Diskussion von Wissenschaftlern und Praktikern trifft man inzwischen auf verschiedene, zum Teil sehr umstrittene Methoden beziehungsweise Modelle für das Kommunikationscontrolling. Einige wenige, wie etwa Markenwertberechnungen, versuchen, die monetäre Bilanzierbarkeit von Kommunikation darzustellen. Für den Bereich der Internen Kommunikation sind jedoch keine vergleichbaren Modelle auf dem Markt. Die meisten Vorgehensweisen, Kommunikationsleistung zu messen und zu bewerten, richten sich auf die strategische Anbindung der Unternehmenskommunikation und deren Steuerbarkeit. Hier sind zum einen Kennzahlensysteme zu finden, die versuchen, die Kommunikationsleistung quantitativ mittels Kennzahlen sichtbar zu machen. Zum anderen wird mit verschiedenen Ansätzen versucht, das Kommunikationsmanagement in die vorherrschenden Managementkonzepte »Balanced Scorecard« und »Value Based Management« einzubringen. Obwohl diese Kennzahlensysteme nicht explizit für den Bereich der Internen Unternehmenskommunikation entwickelt wurden, sind sie dennoch auch dort grundsätzlich anwendbar.

Im Mittelpunkt der Betrachtung steht in diesen adaptierten Steuerungssystemen in der Regel die Bewertung der Kommunikationsleistung in Bezug auf den Unternehmenserfolg. Dafür werden Kennzahlen wie zum Beispiel »Erfolgsfaktoren«, »Werttreiber« oder »Leistungsindikatoren« erhoben und Ursache-Wirkungsketten identifiziert, die die Kommunikationsleistung an die Unternehmensziele anbinden und messbar machen. Auf diesem Weg wird die Kommunikation in den Gesamtwertschöpfungsprozess des Unternehmens integriert.

Der DPRG/ICV-Bezugsrahmen

Als Ausgangsmodell für alle diese Kennzahlensysteme kann aber auch hier wie weiter oben bei der Darstellung von Evaluationsmethoden das Output-Outflow-Modell herangezogen werden. Die Deutsche Public Relations Gesellschaft (DPRG) hat dieses Modell im Jahre 2009 zusammen mit dem Internationalen Controller Verein (ICV) weiterentwickelt zu einem einheitlichen Bezugsrahmen für Wirkungen und Wertschöpfung der Kommunikation.

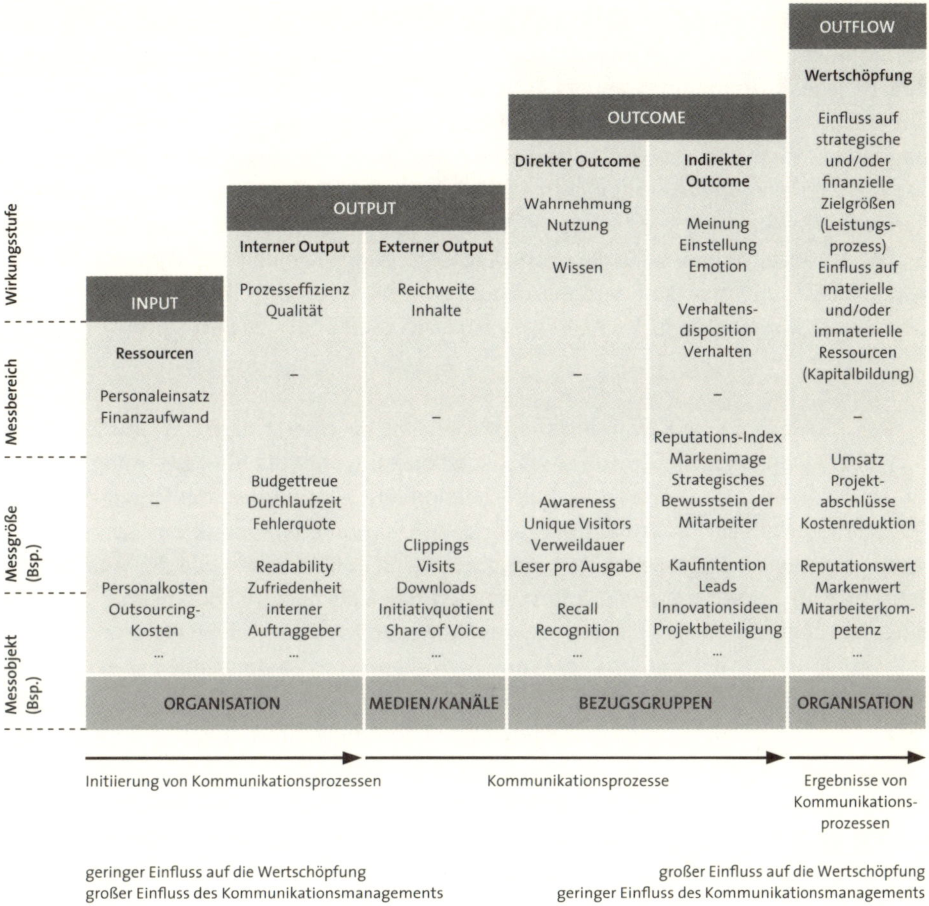

Abbildung 34: Der DPRG/ICV-Bezugsrahmen, *Quelle: www.communicationcontrolling.de*

Der DPRG/ICV-Bezugsrahmen gliedert sich in sechs Stufen, wobei die Stufen zwei bis sechs wirkungsrelevant sind. Alle Stufen bilden eine logische Abfolge in der Entwicklung einer Kommunikationsstrategie bzw. bei der Gestaltung der Wertschöpfung im Management von Kommunikationsaktivitäten. Ausgangspunkt ist grundsätzlich die Ausrichtung an den Unternehmenszielen. Sie bestimmen, welche Maßnahmen schließlich mit welchen Anspruchsgruppen durchgeführt werden. Der Beitrag der Kommunikation zur übergeordneten Unternehmensstrategie muss also im Gegensatz zur Anwendung des

Output-Outflow-Modells unter dem Aspekt der einfachen Evaluierung von einzelnen Kommunikationsmaßnahmen *(vgl. S.117)* stets unternehmensspezifisch betrachtet werden, da jedes Unternehmen anders in Markt und Gesellschaft positioniert ist. Mit Blick auf den Beitrag zur Gesamtwertschöpfung des Unternehmens im Kommunikationsmanagement müssen also sowohl angemessene, das heißt wirkungsorientierte Prozesse in die Wege geleitet werden (das Richtige ...), als auch diese Prozesse zielgerichtet und zielgenau, das heißt wirkungsvoll umgesetzt werden (... richtig machen). Dazu sind die sechs Stufen des Bezugsrahmens für die erstmalige Gestaltung einer Kommunikationsstrategie nacheinander zu entwickeln beziehungsweise für die Überprüfung vorhandener Strukturen im Zusammenhang, das heißt im Verhältnis zueinander, zu betrachten.

1. Input

Als Grundlage für das Kommunikationscontrolling beschreibt diese erste Stufe im Rahmen der Organisation den Personaleinsatz und die Budgetierung für die Planung und die Umsetzung der Kommunikationsarbeit. Hierein fließt zum Beispiel der Finanzaufwand für externe Dienstleister etwa für Beratung, Konzeption oder Produktion. Somit bildet diese Stufe zum Beispiel den Erstellungsprozess von Publikationen wie die Mitarbeiterzeitschrift ab, die redaktionelle Unterstützung für das Intranetangebot oder den Einsatz einer Eventagentur für das jährliche Townhall-Meeting. Alle Positionen lassen sich in Kostenkategorien des Rechnungswesens anlegen und messen. Hinterfragt werden in dieser Stufe mögliche organisatorische Schwachstellen und Hindernisse für eine effektive, optimal an den Unternehmenszielen ausgerichtete Kommunikationsarbeit.

Die Stufe Output teilt sich in zwei Bereiche, zum einen, wie Input, bezogen auf die Organisation der (Internen) Unternehmenskommunikation und zum anderen auf die eingesetzten Medien oder Kanäle. Grundsätzlich bezieht sie sich auf die unmittelbare erbrachte Kommunikationsleistung und hinterfragt die Effizienz der Kommunikationsleistung.

2. Interner Output

Diese Stufe ist auf die interne Prozesseffizienz bei der Erstellung der Kommunikationsleistung ausgerichtet und beleuchtet somit deren Qualität. Untersucht wird, wie gut diese Kommunikationsleistung im Hinblick auf ihre Ausbringung oder Absendung zu den Zielgruppen initiiert wird. Gemessen werden dafür zum Beispiel Durchlaufzeiten, Fehlerquoten, das Einhalten ausgewiesener Budgets oder auch die konkrete Abwicklung durch Kommunikationsagenturen. Maßstab ist hierbei die Zufriedenheit der internen Prozesskunden.

3. Externer Output

Diese Stufe fragt nach der Kommunikationsleistung selbst, also der Verfügbarkeit von Informationen. Dazu wechselt sie die Perspektive von innen nach außen. Wie beim reinen

Evaluationsansatz (siehe Output-Outflow-Modell) geht es jetzt darum, ob die Kommunikationsaktivitäten von den Zielgruppen wahrgenommen werden konnten. Anders gefragt, ob die Zielgruppen mit einer Kommunikationsleistung in Kontakt gekommen sein können. Untersucht werden also die Reichweite der Inhalte, die über Medien bzw. Kanäle transportiert wurden. Im Allgemeinen werden hierzu vor allem Clippings von Medienberichten erstellt oder Besuche auf Webseiten gezählt. Ebenso kann erfasst werden, wie oft das eigene Unternehmen im Vergleich zu den Mitbewerbern im Zusammenhang mit einem definierten Thema genannt wird (sogenanntes Share of Voice). Der Initiativquotient berechnet die Anzahl und inhaltliche Tiefe von Berichten über das eigene Unternehmen, die auf Initiative der Medienmacher, das heißt ohne konkreten Anstoß von Seiten der Kommunikationsabteilung / -agentur, also etwa auf Basis einer Pressemeldung, erfolgt sind.

In der Internen Unternehmenskommunikation kann man auf dieser Stufe etwa überprüfen, wie oft innerhalb eines bestimmten Zeitraums die Eingangsseite des neuen Mitarbeiterportals im Intranet besucht worden ist. Diese Information ließe Rückschlüsse darauf zu, dass die entsprechenden Mitarbeiter sehr wahrscheinlich auch eine dort platzierte Nachricht der Geschäftsführung gesehen haben.

Ebenso kann man mit Blick auf diesen Evaluationsaspekt zum Beispiel in einem Netzwerk von Verantwortlichen der Internen Kommunikation – etwa in einem relativ selbständige Teilbereiche umfassenden Konzern – überprüfen, in welchen internen Medien mit welcher Intensität die vereinbarten zentralen Aussagen des CEO zu konzernweiten Themen veröffentlicht wurden.

Die auf den Output folgende Stufe Outcome teilt sich wiederum in zwei Bereiche, nämlich in den direkten und den indirekten Outcome. Grundsätzlich wird hier die Wirkung der Maßnahmen bei den Zielgruppen im Hinblick auf Veränderungen bei Wissen, Einstellung und Verhalten gemessen.

4. Direkter Outcome

Auf dieser Stufe wird überprüft, ob und wie die Zielgruppen das Kommunikationsangebot, dessen grundsätzliche Wahrnehmbarkeit auf der Outputebene herbeigeführt wurde, tatsächlich in Anspruch nehmen. Hinterfragt wird zum Beispiel, ob sie thematische Zusammenhänge kennen und welche Einstellung sie dazu haben. In der Internen Unternehmenskommunikation könnte auf dieser Stufe überprüft werden, ob ein aktuelles Veränderungsthema und seine Bedeutung für die Wettbewerbsfähigkeit des Unternehmens verstanden wurde. Dieser Zusammenhang wäre zuvor in verschiedenen internen Medien und über differenzierte Kommunikationskanäle (Externer Output) thematisiert worden. Ebenso könnte man hier überprüfen, ob die Verbindung der Veränderungsnotwendigkeit zum eigenen Arbeitsplatz oder der Arbeitsplatzumgebung, nämlich der Abteilung oder des Bereiches, hergestellt worden ist. Messen kann man diese Zusammenhänge zum

Beispiel über die Verweildauer auf einer inhaltlich entsprechend aufbereiteten Seite im Intranet (dies ist eventuell Gegenstand einer Betriebsvereinbarung) oder durch eine Leserbefragung für die Mitarbeiterzeitschrift. Im Rahmen einer sowieso geplanten allgemeinen Mitarbeiterbefragung kann man auch, ähnlich wie bei externen (Konsumenten)Befragungen, Größen wie Erinnerung (Recall) oder Wiedererkennung (Recognition) einbauen.

5. Indirekter Outcome

Auf dieser Stufe wird die konkrete Einflussnahme mithilfe von Kommunikationsaktivitäten auf Wissen, Einstellung und Verhalten betrachtet. Es wird stärker noch als auf Stufe 4 hinterfragt, wie die Kommunikationsangebote tatsächlich verarbeitet wurden und was sich bei Wissen, Einstellung und Verhalten faktisch geändert hat. Dazu werden Faktoren wie Image oder Reputation durchleuchtet, Zufriedenheitsanalysen (in unserem Fall zum Beispiel das Mitarbeiter-Commitment) gemacht, Aktivitäten der Zielgruppen aufgeschlüsselt oder Verhaltensdispositionen untersucht. In der Internen Unternehmenskommunikation ginge es hierbei um das Hinterfragen von Bindung, Motivation und Identifikation. Stehen die Mitarbeiter auch in der Veränderungssituation loyal zum Unternehmen? Interessieren sie sich für die Entwicklungen? Wie hoch ist die Bereitschaft mitzumachen? Ist es einfach oder schwierig, Projektteams zusammenzusetzen? In welcher Intensität wird im Unternehmen auf den verschiedenen Kommunikationsplattformen mitdiskutiert? Neben der Analyse von beobachtbaren Aktivitäten ist das Messinstrument der Wahl in aller Regel die Befragung, weil man sonst die wichtigen Details und die für die Bewertung dieser Outcome-Stufe essentiellen Zusammenhänge nicht valide herausfinden könnte.

6. Outflow

Diese letzte Stufe des Bezugsrahmens ermittelt schließlich den durch kommunikative Prozesse erzielten Beitrag an der Gesamtwertschöpfung des Unternehmens. Dieser Beitrag muss sich logisch ergeben aus den umgesetzten Stufen 1-5, die in ihrer Gesamtheit plausibel eine effektive und effiziente, an den Unternehmenszielen ausgerichtete Kommunikationsstrategie widerspiegeln. Sie soll also zeigen, wie Kommunikation dazu beiträgt, strategische Ziele des Unternehmens zu erreichen. In der Argumentation der Internen Unternehmenskommunikation wären dies zum Beispiel der Erhalt oder die Steigerung der Produktivität, der Einsatz der Mitarbeiter als (nachweislich positiv gestimmte) Meinungsmultiplikatoren, zeitgerechte und qualitativ hochwertige Projektabschlüsse, die Reduzierung von Fehlerquoten, die Fluktuationsrate bei den Mitarbeitern, die Zufriedenheit der Kunden aufgrund guter Betreuung etc.

Befasst man sich mit dem Kommunikationscontrolling, stößt man unweigerlich auf den Begriff der Kennzahl. Unter Kennzahlen versteht man verdichtete, wesentliche Informationen über quantifizierbare Sachverhalte. Sie werden vor allem eingesetzt, um Abläufe und Ergebnisse messbar und damit verbesserungsfähig zu machen. Man kennt sie vor allem aus der Betriebswirtschaftslehre, wo sie zur Beurteilung von Unternehmen sowie der Festlegung von Unternehmenszielen und der Messung ihrer Erreichung eingesetzt werden. Von dort haben sie es inzwischen, vor allem im Zusammenhang mit den zahlreichen Adaptionen der Balanced Scorecard, in das Kommunikationsmanagement geschafft. Wesentlich für sie ist, dass sie maßgeblich durch eine Kommunikationsleistung bestimmt werden und immer auf Teilaspekte von Unternehmenszielen bezogen sind. Aber die Interne Kommunikation kann und sollte sich auch Informationen aus Kennzahlen andere Unternehmensfunktionen zunutze machen, wie etwa Personalabteilung oder Marketing.

Mögliche Kennzahlen für die Interne Kommunikation sind zum Beispiel:

- *Kommunikationsverhalten (von Mitarbeitergruppen, von Führungskräften etc.)*
- *Veränderungsbereitschaft*
- *Strategisches Bewusstsein*
- *Kundenorientiertes Verhalten*
- *Zufriedenheit mit Informationskanälen / -instrumenten*
- *Fluktuationsquote (von High Potencials etc.)*
- *...*

Aspekte der Internen Kommunikation im Qualitätsmanagement

Seit Mitte der 90er Jahre des letzten Jahrhunderts hat sich in den meisten Unternehmen inzwischen ein Qualitätsbewusstsein durchgesetzt, das auf internationalen Standards (wie etwa ISO 9000) basiert und weit mehr als die reine Produktqualität im Fokus hat, nämlich die komplette Gestaltung von Arbeitsabläufen mit dem Ziel kurzer Durchlaufzeiten zwecks Verfügungstellung wettbewerbsfähiger Produkte oder Dienstleistungen. Das Management von Qualität (oft unter Zuhilfenahme diverser Qualitätsmanagementsysteme) richtet sich auf die Effektivität und Effizienz aller Maßnahmen innerhalb einer Organisation, die der Verbesserung von Produkten, Prozessen oder Leistungen jeglicher Art dienen. Das betrifft auch Entwicklungsprozesse oder Produktionsplanungs-, Management-, Verwaltungs-, und Beschaffungsprozesse. Dabei kümmert sich das Qualitätsmanagement vor allem um die Erhaltung oder Steigerung der Kundenzufriedenheit, um Standardisierungen bestimmter Arbeitsabläufe, Normen für Produkte oder Leistungen oder auch um die Motivation der Belegschaft.

Als entscheidender Stellhebel für die Qualitätssicherung gelten die Abläufe in einer Organisation, also die Prozessarchitektur. Denn, so die Erkenntnis, eine wirksame Steuerung von definierten Qualitätsansprüchen kann nur über konkrete und messbare Ziele und daraus logisch folgendem, planvollem und koordiniertem Vorgehen erfolgen. Als Konsequenz definieren sich viele Unternehmen mittlerweile weniger über ihren Aufbau bzw. ihre Struktur, sondern über die konsequente Organisation ihrer Geschäftsprozesse. Im Mittelpunkt der Betrachtung steht also nicht mehr die in der klassischen, sogenannten Aufbauorganisation für die Führung der Geschäfte ausschlaggebende Hierarchie mit ihren Über- und Unterstellungsverhältnissen, Zuordnungen von Befugnissen und einem entsprechenden Berichtswesen, sondern die Gestaltung der Abläufe mit konsequentem Blick auf die Anforderungen der Kunden.

Ziel einer solchen Prozessorganisation ist die optimale Auslastung der Prozessbeteiligten bzw. eine optimale Durchlaufzeit. Durch den Einsatz der begleitenden Prozesskostenrechnung lassen sich die Gemeinkosten verursachungsgerechter als bei der klassischen Kalkulation bzw. Kostenrechnung verteilen und dem Prozessauslöser anlasten. Die Prozessorganisation ist durch die Zeitbetrachtung im Gegensatz zur Funktions- oder Objektbetrachtung anderer Organisationsformen (Funktionale Organisation, Divisionale Organisation) besser in der Lage, Entscheidungen hinsichtlich der Elimination, dem Auslagern (Outsourcing), Zusammenfassung, Parallelisieren, Verlagern oder Beschleunigen von Teilaufgaben zu treffen.

Kommunikationsmanagement als Unterstützungsfunktion im EFQM-Modell

Eine bewährte Möglichkeit, die Anforderungen einer Prozessorganisation mit den Steuerungsmöglichkeiten eines Qualitätsmanagements zusammen zu bringen, ist der Einsatz des EFQM-Modells für Business Excellence der European Foundation for Quality Management. Hierbei handelt es sich um ein Konzept, das eine ganzheitliche Sicht auf Organisationen ermöglicht. Das Modell wurde vor rund 20 Jahren von einigen europäischen Konzernen gemeinsam entwickelt, um einen Orientierungsrahmen für ihr Qualitätsmanagement zu erhalten und eine kontinuierliche Einordnung in die Kriterien der Business Excellence zu ermöglichen. Inzwischen ist dieses Modell längst international anerkannt und dient vor allem in Europa zahlreichen Unternehmen zur Selbsteinschätzung der Qualität ihrer Geschäftsprozesse. Wer möchte, kann sich zudem für den jährlich von der Organisation ausgeschriebenen EFQM-Award bewerben.

Dieser Preis wird in verschiedenen Kategorien verliehen und zeichnet Business Excellence, also Spitzenleistungen, aus.

Im Fokus des EFQM-Modells stehen also Weltklasse- oder auch Best Practice-Leistungen im Geschäft mit besonderem Blick auf die Kundenorientierung. Unternehmen nutzen das Modell als Werkzeug, um auf Grundlage von Selbstbewertungen Stärken und Verbesserungspotentiale zu ermitteln, anzuregen und ihren Geschäftserfolg zu verbessern. Das Modell unterscheidet neun Kriterien, die aus fünf sogenannten Befähigerkriterien (enablers) und vier sogenannten Ergebniskriterien (results) bestehen und jeweils wiederum in mehrere Unterkriterien aufgeschlüsselt sind. Die Befähiger beleuchten, wie ein Unternehmen bei seiner Qualitätssicherung vorgeht, die Ergebnisse beziehen sich auf das, was erreicht wurde. Die Ausrichtung der Unternehmensaktivitäten nach dem EFQM-Modell macht die klassische, abteilungsorientierte Aufbauorganisation prozessorientierter, und durch die geforderten Assessments werden systematisch Verbesserungspotenziale identifiziert.

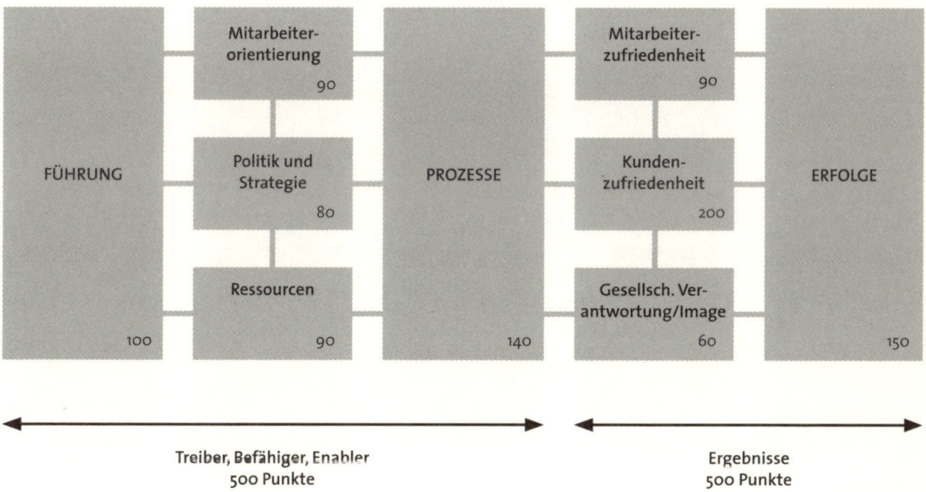

Abbildung 35: Erfolgsmessung im EFQM-Modell

Wer sich das Modell genauer ansieht, erkennt schnell zahlreiche Anknüpfungspunkte für die Leistungen der (Internen) Unternehmenskommunikation.

1. Eine grundsätzliche Möglichkeit wäre, das Kommunikationsmanagement, genauer seine einzelnen Prozesse, ebenso wie alle anderen Geschäftsprozesse mit Hilfe des EFQM-Modells zu bewerten und auf Business Excellence auszurichten.

Dieses Vorgehen würde einem Controlling im Sinne eines konsequenten Qualitätsmanagements entsprechen. Darauf soll hier aber nicht weiter eingegangen werden.

2. Ein anderer Ansatz ist, die Leistungen der Kommunikation in den neun Befähiger- und Ergebniskriterien zu identifizieren, im Rahmen der gesamten Geschäftsprozesse des Unternehmens zu bewerten und Verbesserungspotenziale zu bestimmen.

Die Orientierung der Kommunikationsleistung am EFQM-Modell sollte, im Sinne einer umfassenden Prozessqualität, allerdings ganzheitlich vorgenommen werden, also bezogen auf alle Funktionen der Unternehmenskommunikation. Die Fokussierung auf einen einzelnen Aspekt, wie den der Internen Kommunikation, macht keinen Sinn, da so Zusammenhänge nicht erfasst werden können, was einem Qualitätsmanagement zuwiderlaufen würde.

Dennoch sollen hier zur ersten Orientierung diejenigen Kriterien des Modells aufgegriffen werden, die sich insbesondere mit den Qualitätsanforderungen an die Mitarbeiterkommunikation befassen. Diese kommt vor allem in den Befähigerkriterien zum Tragen.

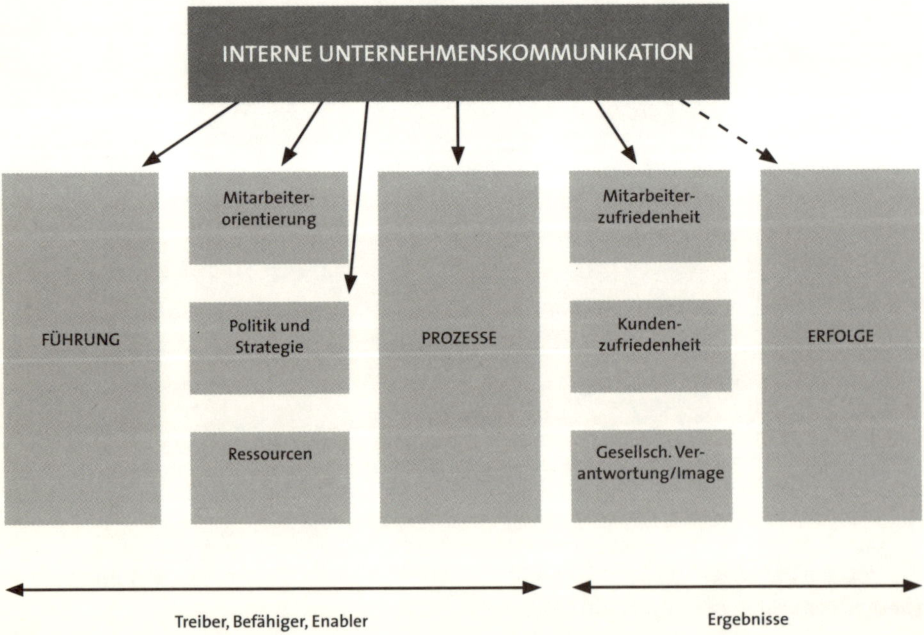

Abbildung 36: Kommunikationsmanagement im EFQM-Modell

Kommunikationsansätze in den Befähigerkriterien

So fordert das EFQM-Modell etwa im Befähigerkriterium »Führung« den Nachweis über sichtbares Engagement und Vorbildfunktion der Unternehmensleitung in Bezug auf umfassende Qualität. Hierbei muss die Leitung als Quelle der Information identifiziert werden können. Um dieser Anforderung im Sinne der Business Excellence gerecht zu werden, könnte die Interne Kommunikation etwa dafür sorgen, dass die Unternehmensführung mit dem genannten Inhalt regelmäßig Stellung in Instrumenten der Mitarbeiterkommunikation bezieht, zum Beispiel in der Mitarbeiterzeitschrift, im Intranet oder in Diskussionsrunden. Ein weiterer offensiv geforderter Kommunikationsinhalt des EFQM-Modells sind Themen der Unternehmenspolitik und -strategie. Diese Inhalte können auf ähnliche Weise vermittelt werden wie die beschriebenen Stellungnahmen zu den Qualitätsansprüchen der Unternehmensleitung.

Noch deutlicher wird der Zusammenhang des internen Kommunikationsmanagements mit den Inhalten des EFQM-Modells im Befähigerkriterium »Mitarbeiterorientierung«. Hier fordert das Modell einen Nachweis über eine wirksame Kommunikation von oben nach unten sowie umgekehrt und horizontal. Die Interne Kommunikation sollte also dafür sorgen, dass die Führung aktiv mit den Mitarbeitern in Kontakt tritt, zum Beispiel über E-Mail-Infos oder durch Mittel der persönlichen Kommunikation, wie Vorstandsfrühstück, Kamingespräche etc. Eine weitere vertikale Maßnahme wäre die Organisation einer Feedbackschleife von unten nach oben. Auf der horizontalen Mitarbeiterebene wäre die Aufgabe der Internen Kommunikation, für Transparenz über alle Prozesse und Abteilungen hinweg zu sorgen (z. B. mit Hilfe der Mitarbeiterzeitschrift). Das Befähigerkriterium »Prozesse« spiegelt in weiten Teilen den Ansatz des DPRG/ICV-Bezugsrahmens wider. Gefordert sind das Identifizieren, systematische Ausführen, Bewerten und Verbessern der für den Geschäftserfolg wesentlichen Prozesse, in unserem Fall der Internen Kommunikation. Ergänzt wird diese Vorgehensweise dann durch die Anforderungen des relevanten Ergebniskriteriums »Mitarbeiterzufriedenheit«. Hier soll durch regelmäßige Evaluationsmaßnahmen gemessen werden, wie die Mitarbeiter ihr Unternehmen, in unserem Fall die Kommunikationsleistung, bewerten.

KRITERIUM	ANFORDERUNG	MASSNAHMEN
Führung (Befähiger)	sichtbares Engagement und Vorbildfunktion in Bezug auf umfassende Qualität	regelmäßige Stellungnahmen in Instrumenten der Internen Kommunikation (Unternehmensleitung als Quelle einer Information identifizierbar)
Mitarbeiter-orientierung (Befähiger)	wirksame Kommunikation von oben nach unten sowie umgekehrt und horizontal	• Führung kommuniziert aktiv mit den Mitarbeitern (E-Mail-Infos, Vorstandsfrühstück, Kamingespräche...) • Feedbackschleifen von unten nach oben • auf Mitarbeiterebene Transparenz über alle Prozesse und Abteilungen (z. B. über Mitarbeiterzeitschrift)
Politik und Strategie (Befähiger)	Vermittlung von Politik und Strategie nach intern	regelmäßige Darstellungen in Instrumenten der Internen Kommunikation
Prozesse (Befähiger)	• Identifizierung der für den Geschäftserfolg wesentlichen Prozesse • systematische Führung der Prozesse durch die Organisation • Überprüfung der Prozesse und das Setzen von Verbesserungszielen	• die Prozesse der Internen Kommunikation identifizieren und dokumentieren • mit diesen Prozessen kontinuierlich arbeiten • regelmäßige Evaluation dieser Prozesse und Setzen und Umsetzen von Verbesserungszielen
Mitarbeiter-zufrieden-heit (Ergebnis)	• Beurteilung der Organisation durch die Mitarbeiter • Entwicklung zusätzlicher Messgrößen, die die Zufriedenheit der Mitarbeiter beschreiben	• regelmäßige Evaluation der Kommunikationsmaßnahmen (z. B. Leserbefragung in Mitarbeiterzeitschrift)

Abbildung 37: Aspekte der Internen Kommunikation im EFQM-Modell

Die Frage, wie Unternehmen es schaffen, in globalen Märkten mit immer schnelleren Produktzyklen ihre Innovationsfähigkeit zu erhalten oder sogar zu verbessern, hat in den letzten Jahren verstärkt Aufmerksamkeit erlangt. Spätestens nachdem Mitte der neunziger Jahre die ressourcenbasierten Managementstrategien um den Globus gingen, die die Wettbewerbsvorteile eines Unternehmens weniger aus seiner Marktposition, sondern vielmehr aus seinen internen Ressourcen abzuleiten versuchten, gewann auch das Thema des Wissensmanagements an Fahrt. Verstärkt wurde dieser Trend durch das Credo der nahezu bedingungslosen Kundenorientierung, die voraussetzt, dass es im Unternehmen keine Inseln des Wissens gibt, sondern einen breiten, von allen Seiten zugänglichen Strom.

Kommunikation fördert Innovation

Dabei richtet sich der Blick – je nach wissenschaftlicher Disziplin – in zunehmendem Maß auf die Kommunikation und ihre Rolle für die Förderung von Innovationsprozessen, bis hin zu der Fragestellung, ob Innovationsprobleme nicht regelmäßig zugleich Ausdruck von Kommunikationsproblemen sind. Folgt man diesem Gedanken, dann wäre im Umkehrschluss eine Verbesserung der Kommunikation der Schlüssel für effektivere Innovationsprozesse. Dementsprechend wird Innovationskommunikation in einer ganz allgemeinen Definition als die Gestaltung der auf Innovationen ausgerichteten Interaktionsprozesse im Betrieb und in der Öffentlichkeit definiert.

In dieser oft sehr akademisch geprägten Diskussion haben sich im Wesentlichen zwei eng beieinander liegende Ansätze heraus geschält:

1. Einerseits geht es um das Thema Wissensmanagement im engeren Sinne, also das Management von vorhandenen Informationen, Kenntnissen und Fähigkeiten in einer Organisation, um dieses Wissen für das Unternehmen nutzbar zu machen, d.h. Wissen in Wettbewerbsvorteile umzuwandeln. Ohne dass es eine verbindliche Definition des Begriffs »Wissensmanagement« gäbe, hat sich eingebürgert, darunter drei Aktivitäten zusammenzufassen, nämlich die Schaffung, das Speichern und den Transfer von vorhandenem Wissen.
2. Andererseits geht es um die Öffnung des Unternehmens für neue Ideen, neue Konzepte und Impulse jeder Art, die von außen Innovationsprozesse im Unternehmen anstoßen. Im Sinne einer »offenen Innovation« kann das Unternehmen auf diese Weise die innovativen Kräfte des gesellschaftlichen Umfeldes nutzen. Dabei wird diese Öffnung zugleich für interne Subsysteme propagiert, so dass sich die »offene Innovation« auf sämtliche Austauschbeziehungen interner und externer Art bezieht, die zwar außerhalb der eigentlichen Forschungs- und Entwicklungsabteilungen geschehen, die aber geeignet sind, Lern- und Erneuerungsprozesse für die Organisation zu unterstützen.

Individuelles und organisationales Lernen

Beiden Ansätzen ist gemeinsam, dass sie Organisationen, also auch Unternehmen, vorrangig als Wissenssysteme verstehen, die sich durch Lernprozesse weiterentwickeln und Innovationen hervorbringen. Wertschöpfung erzielt man in dieser Betrachtung infolgedessen vor allem durch die Anwendung von Wissen als dem wichtigsten Produktionsfaktor, der den klassischen Faktoren Arbeit, Kapital und Rohstoffen den Rang abgelaufen hat. Lernende Unternehmen haben ein klares Verständnis davon wie sie Wissen erwerben, in ihrer Wissensbasis verankern, für zukünftige Problemlösungsaufgaben speichern und wieder abrufbar machen. Sie müssen alle verfügbaren Lernformen einsetzen, nämlich Lernen aus Erfahrung, vermitteltes Lernen bzw. Trainings, Lernen durch Integration externer Wissensbestände und selbstbezogenes Lernen.

Die Problematik dabei liegt auf der Hand: Lernprozesse werden einerseits zwar von Individuen, also vorrangig den Mitarbeitern, getragen, andererseits es ist die Organisation selbst, die durch ihren strukturellen Rahmen und die in der Organisation entstehenden oder von außen in sie heran getragenen Anlässe diese Lernprozesse definiert. Nicht zuletzt aufgrund dieses Spannungsfeldes wird klar, dass lernende Unternehmen Kommunikation gleich in zweifacher Hinsicht bedürfen. Einmal setzen alle genannten Lernformen als solche notwendigerweise Kommunikation voraus, zum anderen muss Kommunikation individuelles Lernen im Kontext der jeweiligen Organisationen begleiten und damit letztlich das Lernen der Organisation als solche fördern.

Beim Wissensmanagement steht oft die Frage des geeigneten Speicherns im Vordergrund. Zu Recht wird der traditionellen Dokumentation – angefangen von Projektpräsentationen, über Kundenberichte oder Forschungsvorhaben bis hin zu Best Practice-Sammlungen – nach wie vor große Aufmerksamkeit gewidmet. Das Speichermedium ist dabei nicht entscheidend, sondern vielmehr Umfang, Systematik und Zugriffsrechte bzw. -möglichkeiten. Wer kennt nicht die berühmten zentralen Laufwerke in Unternehmen, in denen ausgehend von einem uralten Aktenplan dann in freiem Wildwuchs solche Dokumente eingestellt werden, die vermeintlich für alle Nutzer von Interesse sind. Die Dokumentation selbst zum Projekt zu machen, ist dabei oft ein probates Mittel, um Abhilfe zu schaffen. Hier geht es insgesamt darum, explizites, in der Organisation dokumentiertes Wissen effektiv zu managen.

Der ausgelagerte Produktionsfaktor Wissen

Vielen Unternehmen ist jedoch nicht bewusst, dass sie die Aufgabe, Wissen zu heben, zu speichern und nach Bedarf zur Verfügung zu stellen, auf ihre Mitarbeiter quasi outgesourced haben. So viel man einerseits in die persönliche Fortbildung von Mitarbeitern, also das individuelle Lernen, investiert, so wenig kümmert man sich andererseits darum, wie dieses individuelle Lernen in ein organisationales Lernen umgewandelt werden kann. Erst dann, wenn Mitarbeiter mit viel Wissen das Unternehmen verlassen, wird dieses

Defizit deutlich – aber dann ist es meistens zu spät. Da der Produktionsfaktor »Wissen« jedoch nach wie vor in kaum einer Firmenbilanz auftaucht, bleibt er für Unternehmen nicht messbar und damit unkontrollierbar, letztlich flüchtig und im wahrsten Sinne des Wortes unberechenbar.

Übrigens führt der unterschiedliche Lernansatz dazu, dass das individuelle Lernen eine klassische Aufgabe der Personalabteilung darstellt, während es für die Frage, wie Organisationen bzw. Unternehmen lernen können, meistens keine ausgewiesene Verantwortlichkeit gibt. Die interne Unternehmenskommunikation kann hier also durchaus in eine Lücke stoßen.

Gerade die so genannten wissensintensiven Branchen kümmern sich seit einigen Jahren intensiv darum, Lernprozesse im Unternehmen zu ordnen, sprich Wissen quasi aus den Köpfen der Mitarbeiter in die Wissensdokumentation des Unternehmens zu überführen. In der Organisationstheorie wird dies so formuliert: nur das dokumentierte Wissen stellt ein explizites Wissen dar, das Organisationen und allen ihren Mitgliedern zur Verfügung steht, während implizites Wissen (»Können«) nur Individuen vorbehalten ist. Dieses implizite Wissen in den Köpfen der Mitarbeiter soweit wie möglich in explizites Wissen quasi umzuwandeln, muss von der Organisation gewollt sein und gefördert werden – und das geht nur mit Kommunikation.

Eine der inzwischen klassischen Kommunikationsmethoden, dieses implizite Wissen nutzbar zu machen, ist das Sammeln und Auswerten von Narrationen, also von Erzählungen oder Geschichten, die es den Individuen erleichtern, ihr Wissen in Worte zu fassen und weiterzugeben.

»Story-Telling in Shell« ist eines der viel zitierten Praxisbeispiele dafür, wie narrative Elemente genutzt werden, um Wissen für das Unternehmen nutzbar zu machen. Entsprechend der »Learning-History«- Methode wurden dabei 2001 aus vielen Interviews Zitate gesammelt, kommentiert und zu einer eigenen Erfahrungsgeschichte, dem so genannten Blue Book, verdichtet. Eine Reihe von internationalen Rohstoffkonzernen ist diesem Beispiel gefolgt. Noch heute widmet Shell den Mitarbeitern und ihren Geschichten in seiner Innovationskommunikation den größten Raum.

Ersetzt werden diese klassischen Formen inzwischen durch die Möglichkeiten des Intranets und der Social Media. Insbesondere Firmenwikis werden dabei gezielt für das Wissensmanagement eingesetzt. Firmeninterne Wikis funktionieren in der Regel nach demselben Prinzip wie Wikipedia im Internet, die Nutzer können selbst Inhalte generieren, lesen und ändern. Wikis können rein intern organisiert sein oder auch den Zugang für Wissensträger aus dem Unternehmensumfeld öffnen, zum Beispiel für Zulieferer oder Forschungseinrichtungen.

Diese Anwendungen sind relativ einfach und vor allem kostengünstig, weil sie in der Basisvariante auf kostenloser Open Souce-Software beruhen. Wikis, die gezielt für Speicherung und Transfer von Wissen eingesetzt werden sollen, sind aber nur dann effektiv, wenn sie von einer ausreichenden Zahl von Mitarbeitern aktiv betrieben werden. Inhaltlich sollte es sich nicht zu weit von der Arbeitswirklichkeit der Zielgruppen bzw. Teilnehmer entfernen, da zu große Dissonanzen mit dem eigenen Wissen und den eigenen Erfahrungen die Lernbereitschaft verringern. Erfahrungen in der Praxis zeigen, dass es deshalb sinnvoll ist, zunächst eine nicht zu kleine Grundlage an Inhalten einzustellen, zumal es erfahrungsgemäß einfacher fällt, Änderungen oder Aktualisierungen vorzunehmen als selbst neue Einträge zu generieren. Allein die Plattform zur Verfügung zu stellen, reicht in der Regel nicht aus, um in akzeptabler Zeit eine kritische Masse von Nutzern zu erreichen. Andererseits stehen Wikis wie das Intranet immer in der Gefahr, als Datenfriedhof zu enden und damit für Wissensmanagement unbrauchbar zu werden. Wie alle Formen des Wissensmanagement müssen auch Wikis sich immer wieder einer strengen Kosten-Nutzen-Kontrolle unterziehen, denn nicht jeder Ansatz, Wissen zu managen, führt auch dazu, dass Unternehmen tatsächlich lernen.

Mit Kommunikation Innovationsprozesse anstoßen

Während es beim Wissensmanagement im engeren Sinne also darum geht, Wissen als vorhandenes Wissen »festzuhalten«, ist die folgende Betrachtung eher prozessual ausgerichtet, d. h. es geht um die Frage, wie Wissen und damit Innovation überhaupt entstehen können. In der einschlägigen Literatur wird seit einigen Jahren unter dem Begriff »Open Innovation« eine Interpretation des Innovationsprozesses als prinzipiell offenes und interaktives Kommunikationssystem diskutiert. Open Innovation oder das Postulat der kooperativen Forschungs- und Entwicklungsarbeit propagieren einen offenen Innovationsprozess und kontrastiert diesen mit dem klassischen geschlossenen Prozess, in dem Unternehmen nur die Ideen nutzen, die aus ihren eigenen, möglichst vor dem Zugriff von außen abgeschirmten Entwicklungsabteilungen stammen. Die Vorstellung, dass Innovationsprozesse linear verlaufen, wurde zu den Akten gelegt, stattdessen beschäftigt man sich seitdem vorrangig mit interaktiven Prozessen und Netzwerkbildung. Innovation und Kommunikation beschreiben hier also weitgehend dieselben Interaktionen im Unternehmen sowie zwischen Unternehmen und Umfeld.

Ganz im Sinne der Systemtheorie geht es darum, möglichst gezielte Interventionen von Außen zu ermöglichen und intern zu verarbeiten. So klar diese Vorstellung ist, so wenig geklärt ist in der Praxis häufig, wer dafür verantwortlich zeichnet. Akzeptiert man die genannte Parallelität zwischen Innovation und Kommunikation, so ist hier klar eine Aufgabe der Unternehmenskommunikation. Das Instrumentarium, um Lernimpulse durch Kommunikation zu ermöglichen, ist dementsprechend bekannt, es reicht von der Zusammenarbeit mit externen

Experten über das Organisieren von Workshops bis hin zum klassischen Vorschlagswesen, zu Wettbewerben oder Ideenolympiaden. Es ist jedoch letztlich die konsequente, kontinuierliche Anwendung dieser bekannten Instrumente, die Innovationsprozesse beschleunigen kann.

Open Innovation beschreibt in diesem Sinne im Grunde einen gemeinschaftlichen Lernprozess, der entweder im gesamten Unternehmen stattfindet oder in ausgewählten Gruppen oder Teams. Ohne die Unterscheidung zwischen Gruppen und Teams strapazieren zu wollen, so kann es vor dem Hintergrund der Innovationsziele sinnvoll sein, explizit variable Teams oder – wie es im Jargon heißt – »Communities of Practice« ins Leben zu rufen, die eher wie ein informelles Netzwerk arbeiten und möglichst selbst gesteuert Wissen austauschen. Dann ist es eine Aufgabe der internen Unternehmenskommunikation, die Idee und die Erfolgsfaktoren solcher Innovationsteams zu erklären und entsprechende Kommunikationsplattformen in elektronischer oder direkter Form zur Verfügung zu stellen. Hier geht es also wieder um das bekannte »Management der Managementkommunikation« *(vgl. Kapitel 6)*, in diesem Fall das Management der Innovationskommunikation. Wie bei den Wikis ist dabei nicht zuletzt zu klären, ob und inwieweit externe Partner, so zum Beispiel Zulieferer oder Mitglieder von Forschungseinrichtungen, Zugang zu den Communities of Practice erhalten sollen.

Öffnung des Unternehmens für den Kunden

Der gemeinschaftliche, prinzipiell nicht an den Unternehmensgrenzen gebundene, kommunikative Innovationsprozess schließt inzwischen den Kunden voll mit ein. Die Theorie der Open Innovation besagt, dass hier im Gegensatz zum klassischen Marketing nicht mehr nur nach den Kundenbedürfnissen geforscht wird, sondern dass Kunden zum Beispiel über spezielle Software des »Co-Designs« selbst aktiv und kreativ werden. Der Kunde wird voll in die Produktentwicklung integriert, ganz so wie es die Entwicklung von Open Source-Software beispielhaft vormacht. Hierfür gibt es inzwischen auch einige Beispiele aus dem Konsumgüterbereich, zum Beispiel das Kreieren von individuellen Sportschuhen via Internet. Insgesamt ist dieser Ansatz jedoch noch wenig empirisch erforscht, was im Übrigen auch für die Communities of Practice und ihre tatsächlichen Wirkungen gilt.

Unter dem Titel »IdeaStorm« fordert der PC-Hersteller Dell seine Kunden dazu auf, innovative Produktideen einzubringen. Vergleichsweise trocken heißt es auf der deutschen Website »Teilen Sie Ihre Ideen mit uns«. Unter »mystarbucksideas.com« öffnet der Kaffeeanbieter eine ähnliche Website, auf der sowohl Mitarbeiter als auch Kunden ihre Ideen einbringen und bewerten können. Dabei werden Ideen nicht nur zum Produkt, sondern auch zu Geschäftsabläufen und zum sozialen Engagement eingefordert.

Das Verständnis dafür, dass der Kunde mehr als das Objekt von Managemententscheidungen ist, dürfte den Kommunikationsverantwortlichen allerdings leicht fallen. Schließlich ist es das Konzept der integrierten Unternehmenskommunikation, das letztlich darauf hinweist, dass der eigentliche Integrationsprozess von allen Informationen, die ein Unternehmen absendet, im Kopf des Kunden stattfindet. Wie überhaupt die Innovationskommunikation sehr verbunden ist mit der grundlegenden Vorstellung des Stakeholder-Dialogs. Wer legitimerweise auch als Externer Interessen gegenüber dem Unternehmen vertreten darf, dem kann auch die Tür geöffnet werden für eine aktive Mitarbeit in Innovations- und Entwicklungsprozessen. Auch im Bereich Wissensmanagement und Innovation wird es in Unternehmen immer zeitgleich mehrere Ansätze geben, von den hermetisch verschlossenen Laboren bis hin zu offenen Netzwerken.

Lesehinweise

Bienzeisler, Bernd und Möhrle, Hartwig (2003): »Wissensmanagement. Eine neue Herausforderung für die kommunikative Organisation«. In: prmagazin 34 Jg. Nr. 8, S. 49-54

Heiss, Silke F. (2009): »Communities of Practice als Wissensmanagementmethode zur Förderung des Wissensaustausches: Eine Analyse der motivationalen Faktoren«. In: Crijns, Roger und Janich, Nina (Hrsg.): »Interne Kommunikation von Unternehmen. Psychologische, kommunikationswissenschaftliche und kulturvergleichende Studien«. Wiesbaden, VS Research

Mast, Claudia und Zerfaß, Ansgar (Hrsg.) (2004): »Innovationskommunikation als Herausforderung für PR und Journalismus«. Stuttgarter Beiträge zur Medienwirtschaft Nr. 13 Dez. 2004

Möslein, Kathrin M. und Neyer, Anne-Katrin (2009): »Open Innovation. Grundlagen, Herausforderungen, Spannungsfelder«. In: Zerfaß, Ansgar und Möslein, Kathrin M. (Hrsg.): »Kommunikation als Erfolgsfaktor im Innovationsmanagement. Strategien im Zeitalter der Open Innovation«. Wiesbaden: Gabler.

Reichwald, Ralf und Piller, Frank (2005): »Open Innovation: Kunden als Partner im Innovationsprozess«. impulse 3/2005

Ein sehr lesbarer Überblick über die Diskussion!

Corporate Social Responsibility (CSR): Interne Kommunikation zwischen Gemeinwohl und Geschäftszielen

Nur wenn CSR-Aktivitäten effektiv kommuniziert werden, können die damit verbundenen Ziele – einerseits etwas für das Gemeinwohl zu tun, andererseits die materiellen und immateriellen Unternehmensziele zu unterstützen – tatsächlich erreicht werden. Beziehen sie die Mitarbeiter aktiv mit ein, sind sie besonders wirkungsvoll. Zugleich kann das Unternehmen weitere Managementziele verfolgen, zum Beispiel im Bereich der Mitarbeiterbindung oder -rekrutierung oder bei der Stärkung der sozialen Kompetenzen der Mitarbeiter. Ohne die Vorbildfunktion des Top-Managements sind CSR-Strategien jedoch weitgehend wirkungslos. Demgegenüber entwickelt sich in Unternehmen, die ihre gesellschaftliche Verantwortung als Verantwortung aller Organisationsmitglieder begreifen, zugleich ein anderes, gemeinschaftlicheres Führungsverständnis. Voraussetzung ist, dass die Interne Unternehmenskommunikation nicht nur den Sinn von CSR erklärt, sondern dieses Aufgabenfeld zugleich als Bindeglied zwischen Führungskräften und Mitarbeitern gestaltet.

Nachhaltigkeit hat nach Definition der Vereinten Nationalen drei Dimensionen, nämlich eine ökologische, eine ökonomische und eine soziale. Infolgedessen bedeutet nachhaltiges Wirtschaften, alle drei Dimensionen in die Gestaltung der Geschäftspolitik mit einzubeziehen und sie mit- bzw. gegeneinander abzuwägen. In der sozialen Dimension von Nachhaltigkeit werden in der Regel die CSR-Aktivitäten von Unternehmen verortet, was genauer betrachtet zugleich bedeutet, dass auch CSR-Aktivitäten immer zugleich in Bezug auf ihren Beitrag für die ökologischen und nicht zuletzt die ökonomischen Ziele beurteilt werden müssen.

Auch wenn es keine verbindliche Definition von CSR gibt, so lässt sich CSR wenigstens von vornherein davon abgrenzen, was der Begriff nicht meint. Er meint eben nicht das rein altruistische Spendenwesen. CSR umfasst deshalb in der Regel nicht die ausschließlich philanthropischen Beiträge eines Unternehmens, die losgelöst von den ökonomischen bzw. Geschäftsinteressen geleistet werden. CSR meint ebenso wenig die privaten Lieblingsprojekte des Vorstandes wie das Sponsoring im Rahmen des absatzorientierten Marketings.

Geschäftsziele und Gemeinwohl gleichzeitig fördern

CSR-Strategien wollen beides: Nämlich die Geschäftsziele des Unternehmens unterstützen und dazu Handlungsspielräume erweitern, aber dabei gleichzeitig das Gemeinwohl unterstützen. Ersteres nimmt darauf Bezug, dass relevante Anspruchsgruppen der Unternehmen schlicht ideelle und vor allem materielle Erwartungshaltungen gegenüber dem Unternehmen haben. Letzteres knüpft an ein gesellschaftsbezogenes oder bürgerschaftliches Selbstverständnis des Unternehmens an, das diese Erwartungen seiner Anspruchsgruppen als legitim betrachten und darüber hinaus eigene bürgerschaftliche Ziele definieren lässt. Das Unternehmen als »guter Bürger« – diese Haltung bedingt zugleich ein soziales Engagement, das die Verantwortung gegenüber dem Gemeinwohl mit im Auge hat.

Dieser Begründungskontext ist aus dem Kommunikationsmanagement bekannt. Die Annahmen des Stakeholder-Ansatzes führen in diesem Zusammenhang einmal mehr dazu, die Ansprüche ökologischer oder sozialer Gruppen als legitim zu betrachten und sie in der Unternehmens- und Kommunikationspolitik zu berücksichtigen *(vgl. Kapitel 5)*. CSR-Strategien können also aus dieser relativ einfachen Begründung abgeleitet werden, ohne dass es einer aufwändigen und oft etwas weit hergeholten Werte- oder Leitbilddiskussion bedürfte. Auch eine Verbindung mit der Einsetzung von umfassenden Ethik-Kodizes, die sich das Unternehmen im Zusammenhang mit einer Corporate Governance-Strategie, also einer Art internen Gesetzgebung, gibt, ist möglich, aber nicht zwingend.

CSR-Ziele aus den Unternehmenszielen ableiten

Schon die doppelte Zielsetzung von CSR-Geschäftsziele befördern und gleichzeitig dem Gemeinwohl dienen – bedeutet ebenfalls nichts anderes, als dass auch CSR-Konzepte letztlich aus der Unternehmensstrategie abzuleiten sind – wer würde sich schone ernsthaft an eine Gemeinwohldefinition wagen, aus der dann ein CSR-Konzept zu entwickeln ist? Es ist also durchaus üblich, aus den Unternehmens- und Geschäftszielen die bevorzugten Themen der CSR-Aktivitäten abzuleiten und diese Themen dann mit den Mitteln der Internen Kommunikation auf die interne Agenda zu setzen. Übrigens spielt deshalb eine weitere eher philosophische aktuell viel diskutierte Frage, nämlich ob Menschen, auch solche, die in Unternehmen aktiv sind, grundsätzlich nicht nur eigennützig und Gewinn maximierend denken, sondern dem Grunde nach Empathie, also Mitgefühl und Verantwortung für andere empfinden, in diesem Zusammenhang keine Rolle.

CSR hat also einen engen immanenten Bezug zu Kommunikation. Immer geht es im Sinne einer instrumentellen Kommunikation um den Erfolg eines Unternehmens, um das Erreichen materieller und immaterieller Ziele. Das beschränkt sich nicht nur auf die rein praktische Überlegung, dass sich CSR-Aktivitäten sowohl intern als auch extern hervorragend zum Gegenstand von Berichterstattungen machen lassen und exzellente Eventanlässe bieten. Nur wenn CSR-Aktivitäten angemessen kommuniziert werden, können sie ihre geschäftspolitisch motivierten Ziele, also Befriedigung und Befriedung von Anspruchsgruppen, die Stärkung der Reputation oder das berühmte »Einzahlen« auf die Marke, tatsächlich erreichen.

Zunächst einmal muss aber gerade den internen Zielgruppen erklärt werden, was denn das Unternehmen überhaupt unter CSR versteht und warum welche gesellschaftliche Anspruchsgruppen besonders adressiert werden und warum andere nicht. Denn wenn Unternehmen sich entscheiden, eine bestimmte soziale Verantwortung zu übernehmen, dann müssen die internen Zielgruppen, vorrangig die Mitarbeiter selbst, zunächst für das Thema sensibilisiert werden, damit sie dann wiederum das Engagement ihres Unternehmens zu würdigen wissen. Es geht also um ein internes Agenda-Setting, mit dem die Aufmerksamkeit der internen Zielgruppen auf Themen jenseits des engeren Arbeitsumfeldes gelenkt wird.

Mitarbeiter werden selbst aktiv

Dass CSR-Aktivitäten umso wirkungsvoller sind, je mehr es gelingt, die Mitarbeiter in solche Aktivitäten mit einzubeziehen, ist eine Erkenntnis, die sich inzwischen breit durchgesetzt hat. Dabei sind nicht nur Mitarbeiter als engere Zielgruppe angesprochen, sondern durchaus auch deren Familien sowie ehemalige Mitarbeiter oder Rentner. Je breiter die Verankerung in diesen internen Zielgruppen, desto nachhaltiger ist die Wahrnehmung im gesellschaftlichen Umfeld.

Auch hier geht es um Wechselwirkungen mit verschiedenen Managementfunktionen und deren Zielen. Gleich drei Diskussionsebenen sind zu unterscheiden und zu berücksichtigen, wenn es um die Konzeption von CSR-Strategien geht:

1. Erstens geht es um die Effektivität von CSR-Strategien im engeren Sinne, denn ein soziales Engagement ist besonders glaubwürdig, wenn es zugleich von den Mitarbeitern mit getragen wird. Wenn sich Mitarbeiter als verantwortungsvolle Bürger zeigen, dann gilt das auch für das Unternehmen und umgekehrt.
2. Zweitens geht es aber auch um Überlegungen der Personalentwicklung und -führung, denn Mitarbeiter oder Bewerber beurteilen Unternehmen unter anderem danach, ob es dieselben Werte aktiv lebt, die man selber vertritt oder zumindest für richtig hält. Zugleich unterstützen CSR-Mitarbeiteraktivitäten die Identifikation mit dem Unternehmen und erhöhen im besten Fall die individuelle Leistungsbereitschaft. Die individuelle Leistungsfähigkeit wird oft schon allein deshalb erhöht, weil Mitarbeiter zum Beispiel durch regelmäßige Freiwilligenaktivitäten ihre sozialen Kompetenzen stärken.
3. Drittens gibt es eine Reihe von Stimmen, die das soziale Engagement von Mitarbeitern, geführt von einer entsprechenden Vorbildrolle des Managements, als Ausdruck eines neuen »postheroischen«, am Gemeinwohl orientierten Führungsverständnisses in Unternehmen sehen – Unternehmen, die sich eher als Gemeinschaft denn als Experten gesteuerte Organisation betrachten. Von der Mitte nach außen führen – so nennt es beispielsweise der amerikanische Managementlehrer Henry Mintzberg *(vgl. Kapitel 1)*.

Verallgemeinernd lässt sich durchaus feststellen, dass wirtschaftlich gesunde Unternehmen zugleich ihre soziale Verantwortung ernst nehmen und diese Verantwortung als gemeinschaftliche Verantwortung aller Organisationsmitglieder begreifen.

Gemeinsame Freiwilligenaktionen für den Umweltschutz, Matchingfonds, aus denen jede Mitarbeiterspende mit einer Unternehmensspende in selber Höhe aufgestockt wird, soziale Praktika oder Arbeitsplatztauschaktionen mit Sozialeinrichtungen stehen deshalb immer öfter auf der Agenda der Unternehmenskommunikation – wenn auch hauptsächlich bei größeren Unternehmen oder internationalen Gruppen, während der Mittelstand noch etwas hinterher läuft.

Weist man den Mitarbeitern in CSR-Strategien eine solche aktive Rolle zu bzw. entwickelt man ein solches gemeinschaftsorientiertes Führungsverständnis, so erweitern sich die Aufgaben der internen Unternehmenskommunikation noch einmal über die bereits genannten Aufgaben hinaus. Mitarbeiteraktivitäten verlangen Sinn stiftende interne Kommunikation, brauchen Bestätigung und Lob, sollen weiter erzählt werden können und ihrerseits eine Rückmeldung von den betreffenden Anspruchsgruppen erhalten.

CSR braucht Führung und Vorbild

Diese strategischen Überlegungen zu CSR und interner Kommunikation stoßen jedoch schnell an ihre Grenzen, wenn die Unternehmensführung sich solchen Aktivitäten persönlich verschließt. Führen durch gutes Beispiel – diese einfache Formel ist nirgendwo so wichtig wie in den Handlungsfeldern des Unternehmens, die in besonderer Weise an Wertorientierungen und Handlungsmaximen geknüpft sind. CSR gehört unbedingt zu diesen Handlungsfeldern dazu. In hierarchischen Organisationen bedeutet dies: Jede CSR-Konzeption muss die Führungskräfte auf allen Ebenen aktiv mit einbeziehen, ihnen eine klare Rolle zuweisen und ihnen ihrerseits die Kommunikation zu CSR mit entsprechenden Kommunikationsmitteln erleichtern. Und dies ist eine klassische Aufgabe der Internen Unternehmenskommunikation.

Wenn es dabei nicht ausreicht, die kommunikativen Ziele von CSR zu erklären, dann kann die Interne Unternehmensommunikation auf eine der anderen genannten Managementdisziplinen verweisen, die vielleicht schneller von Führungskräften akzeptiert werden. Mit den Worten der Personalentwicklung könnte man es zum Beispiel so sagen: Nichts ist wichtiger als soziales Lernen. Wer sich außerhalb des Berufes in seinem realen gesellschaftlichen Umfeld engagiert, ist zugleich besser für den Job qualifiziert. Er lernt und vertieft soziale und kommunikative Kompetenzen, Teamfähigkeit, Kreativität und Verantwortungsbewusstsein. Wer weiß, was außerhalb des Unternehmensalltags wirklich passiert, der kann sich zugleich viel besser im Unternehmensalltag zurechtfinden. Und das bringt motivierte Mitarbeiter und zufriedenere Kunden in einem gesellschaftlichen Unternehmensumfeld, in dem man sich wie ein Fisch im Wasser bewegt.

Lesehinweise

Mast, Claudia und Stehle, Helena (2009): »Kommunikationsexperten als Navigatoren. Auf dem Weg zu einer Neudefinition von Verantwortlichkeiten der Unternehmen«. In: prmagazin 6/2009 S. 63-68

Die Autorinnen entwickeln den Begriff der Verantwortungskommunikation aus der Stakeholder-Betrachtung heraus und liefern insgesamt einen sehr lesbaren Beitrag zur Rolle dieses Aufgabenfeldes in Unternehmen.

Scherer, Andreas Georg und Baumann, Dorothee (2007): »Corporate Citizenship: Herausforderung für die Unternehmenskommunikation«. In: Piwinger, Manfred und Ansgar Zerfaß (Hrsg.): »Handbuch Unternehmenskommunikation«. Wiesbaden, S. 857-873

Eine Einführung mit Fallstudie zum Sportartikelhersteller Nike.

Diversity Management: Nicht alle Mitarbeiter sind gleich. Wie Kommunikation Potenzial aus Heterogenität schöpfen kann

Demografischer Wandel, Migration und Globalisierung verändern die Belegschaft von Unternehmen. Vor diesem Hintergrund zielt das sogenannte Diversity Management als ein Instrument der Unternehmensführung auf das Schaffen von Arbeitsbedingungen, die die vielfältigen Lebensstile, verschiedenen Existenzhintergründe, Ethnien, Zugehörigkeiten oder Orientierungen der Mitarbeiter systematisch zum Nutzen des Unternehmenserfolgs in den Unternehmensalltag integrieren. Ziel ist es so, die Motivation und Kreativität zu steigern und damit die Zusammenarbeit in den Unternehmensprozessen zu verbessern. Der zentrale Aspekt eines erfolgreichen Diversity Managements ist das Aktivieren der Akzeptanz von und Offenheit gegenüber Vielfalt und schließlich ihrer Wertschätzung überall im Unternehmen. Für die Interne Unternehmenskommunikation bedeutet dies vor allem eine sensible Themenfindung und -gestaltung, die über geeignete Kommunikationsinstrumente eine unmittelbare Begegnung mit dem »Anderen« ermöglicht und statt Ablehnung Wertschätzung hervorruft. Dabei sollte besonders dem Sprachgebrauch im Unternehmen Aufmerksamkeit geschenkt werden. Denn Sprache spiegelt Weltansichten und bildet Wirklichkeit.

Diversity Management, das Managen von Vielfalt, ist seit einigen Jahren ein stetig an Bedeutung gewinnendes Thema in unserer Gesellschaft, vor allem in der Politik (Stichwort Migration: Jeder fünfte Bundesbürger hat inzwischen einen Migrationshintergrund) sowie im Personalmanagement von Unternehmen. Für diese ist die Hauptursache in der fortschreitenden Globalisierung zu suchen, die zu einer weltweiten Ausdehnung ihrer Strukturen und zur Erweiterung ihrer Marktaktivitäten führt. Ein global agierendes Unternehmen muss sich auf verschiedenen Märkten mit verschiedenen Kulturen behaupten, und es muss seine Struktur auf eine sehr dynamische und heterogene Umwelt einstellen. Damit einher geht eine wachsende ethnisch-kulturelle Vielfalt der Personalstruktur.

Darüber hinaus befindet sich unsere Gesellschaft in einem signifikanten Wandel, der vor allem eine Veränderung der Wertehaltung, etwa im Hinblick auf die Geschlechterrollen, und eine Differenzierung der Lebensstile mit sich bringt. Hinzu kommt die zunehmende Alterung der Bevölkerung. So sind Unternehmen mehr und mehr gezwungen, diese Veränderungen in ihrer Unternehmensführung zu berücksichtigen. Dies inzwischen umso mehr, seitdem das Allgemeine Gleichstellungsgesetz (AGG, seit August 2006) sie dazu verpflichtet, ihrer Belegschaft ein diskriminierungsfreies Arbeitsumfeld zu gewährleisten. Der

Umstand, dass sich Menschen in vielerlei Hinsicht unterscheiden oder eben auch gleichen, ist inzwischen zu einem potenziellen Fall der Rechtsprechung geworden. War Diversity Management ursprünglich vor allem als Maßnahme für die Umsetzung von Gleichberechtigung gedacht, hat es sich jedoch inzwischen weiterentwickelt zu einem betriebswirtschaftlich orientierten Instrument der Unternehmensführung.

Diversity Management stellt sich als handlungsorientiertes Konzept des Umgangs mit Vielfalt in Unternehmen dar. Der Begriff referiert auf die Heterogenität aller Bezugsgruppen eines Unternehmens, insbesondere auf diejenigen Menschen, von denen der Unternehmenserfolg unmittelbar abhängt, nämlich die Mitarbeiter, die Kunden und die Lieferanten. Im allgemeinen referiert es auf die Wertschätzung individueller Fähigkeiten, Eigenarten und Zugehörigkeiten bzw. Orientierungen mit dem Ziel ihrer systematischen Einbindung in den Arbeitsalltag zum Nutzen des Unternehmenserfolges. Ziel ist es vor allem, Motivation und Kreativität der Mitarbeiter durch die Nutzung verschiedener Hintergründe zu steigern, sowie die Strategie des Unternehmens zu unterstützen. Letzteres auch durch die entsprechende Einbindung von Kunden und Lieferanten.

Unternehmen, die Personalvielfalt in diesem Hinblick bewusst fördern, sehen darin einen grundsätzlichen Wettbewerbsvorteil. Diversity Management führt zu einer verbesserten Zusammenarbeit in den Unternehmensprozessen und damit zu einer erhöhten Produktivität der Mitarbeiter. Sie fördert die Kreativität und Innovationsfähigkeit und ermöglicht eine passgenaue Kundenorientierung. Außerdem wird die Zufriedenheit und damit die Loyalität der Mitarbeiter gesteigert und die Offenheit gegenüber Veränderungen forciert. Darüber hinaus ermöglicht die Strategie, Vielfalt offensiv zu nutzen, einen besseren Zugang zu qualifizierten Bewerbern. Diversity Management führt mithin zur optimierten Nutzung personeller Ressourcen.

Nach intern betrachtet, ist es Aufgabe des Diversity Managements, Arbeitsbedingungen zu schaffen, unter denen sich die Vielfalt der Belegschaft für eine produktive Zusammenarbeit ausreichend entfalten kann. Dabei ist es entscheidend, eine Akzeptanz dieser Vielfalt als Chance und Möglichkeit zur Steigerung der Effizienz individueller und organisationaler Strukturen zu vermitteln. Im thematischen Vordergrund steht dabei vor allem die kulturelle Heterogenität, die im Globalisierungsprozess von Unternehmen eine Rolle spielt.

Dieser Aspekt des Managen von Vielfalt wird deshalb auch Cultural Diversity Management genannt. Sein Ziel ist die Realisierung einer multikulturellen Organisation, die jedoch in deutsch / europäisch geführten Unternehmen bislang noch kaum anzutreffen ist. Vorherrschend ist eine monokulturelle Organisation, in der zwar Vielfalt existiert und mehr und mehr auch nach dem Prinzip des Diversity Managements wertgeschätzt wird, wo jedoch in der Regel noch eine definierte Gruppe die (kulturelle) Vorherrschaft hat und somit dominant auftritt. (Statistisch gesehen besteht diese Gruppe zum Beispiel in

Deutschland aus Männern weißer Hautfarbe im durchschnittlichen Alter zwischen 35 und 45 Jahren mit deutscher Nationalität, die die meisten Führungspositionen besetzen und mit ihren Werten und Normen maßgeblich die jeweilige Unternehmenskultur prägen.)

Der zentrale Aspekt eines erfolgreichen Diversity Managements ist das Aktivieren der Akzeptanz und Offenheit gegenüber Vielfalt und schließlich ihrer Wertschätzung überall im Unternehmen. Welche Aspekte dabei hervorgehoben werden, muss jedes Unternehmen mit Blick auf die (angestrebte) Zusammensetzung seiner Belegschaft für sich selbst entscheiden. Das Verständnis der jeweiligen »Diversity« zu schaffen und zu gestalten, ist jedoch in jedem Fall eine kommunikative Aufgabe.

IKEA Deutschland legt seine Schwerpunkte des Diversity Managements auf die Bereiche »Vereinbarkeit von Familie und Beruf«, »Gesundheitsvorsorge« und Demographischer Wandel«. Mit Unterstützung der Geschäftsleitung sorgen zahlreiche Diversity Experten dafür, Vielfalt innerhalb des Unternehmens sicherzustellen. Dazu zählen zum Beispiel Netzwerke von Mitarbeitern für Mitarbeiter mit bestimmten Orientierungen oder Interessen. So organisieren sich etwa in einem Netzwerk Homosexuelle, Bisexuelle und Transgender. Eine ihrer Aktion unter vielen ist die Teilnahme am Christopher Street Day. Ein anderes Netzwerk dient der Stärkung der interkulturellen Integration, ein weiteres hilft, Familie und Beruf miteinander in Einklang zu bringen. Letzteres thematisiert zum Beispiel die Väter in der Elternzeit und betreibt dazu im Intranet eine »Väterseite« mit Erfahrungsberichten.

Mit Blick auf den für die Unternehmen besonders bedeutsamen Teilbereich des Cultural Diversity Managements ist die Kommunikation sogar essentiell. Denn Kultur drückt sich insbesondere im verbalen und nonverbalen Kommunikationsverhalten aus und wird im Rahmen des Sozialisationsprozesses vermittelt. Somit stellt Kommunikation ein Instrument zur Vermittlung und zum Ausdruck von Kultur dar, wird aber gleichzeitig selbst durch Kultur geprägt. Dieser Einfluss kommt zum Beispiel im unterschiedlichen Kommunikationsverhalten verschiedener Kulturen zum Ausdruck.

In den national heterogen zusammengesetzten Belegschaften global agierender Unternehmen wird man diesen Umstand also ebenfalls vorfinden und muss ihn noch um den Aspekt der Unternehmenskultur erweitern. Im Cultural Diversity Management muss die Unternehmenskommunikation daher sowohl auf die unterschiedlichen kulturellen Prägungen der Mitarbeiter Bezug nehmen, als auch die Rahmenbedingungen der Unternehmenskultur berücksichtigen. Andererseits kann eben diese zum Beispiel in einem unternehmensstrategisch angestrebten Veränderungsprozess durch die Anpassung an individuelle (etwa national geprägte) kulturelle Gegebenheiten selbst eine Weiterentwicklung erfahren. Hinzu kommt, dass die kulturelle Prägung der jeweiligen Kommunikationsverantwortlichen selbst ebenfalls einen Einfluss auf die grundsätzliche Art der Kommunikation im Unternehmen ausübt. So ist das Cultural Diversity Management also unzertrennlich mit Kommunikation verbunden. Eine strategisch ausgerichtete Cultural Diversity-Kommunikation ist die Grundvoraussetzung für das Management von Vielfalt. Ohne sie ist eine Implementierung und erfolgreiche Realisierung nicht möglich. Dabei erfüllt sie sowohl eine Informations- als auch eine Persuasionsaufgabe.

An die Kommunikationsverantwortlichen werden im Rahmen des Cultural Diversity Managements besondere Anforderungen gestellt, die sich durch die kulturelle Vielfalt der Beschäftigten ergeben. Sie müssen eine interkulturelle Kompetenz aufweisen, was das Beherrschen mehrerer Sprachen mit einschließt. So sind sie in der Lage, sich erfolgreich in Menschen mit anderer kultureller Prägung hineinzuversetzen und ihre jeweilige, in höchstem Maße sprachlich bedingte, Weltsicht nachvollziehen zu können. Im Rahmen einer so orientierten interkulturellen Kommunikation können die unternehmensinternen Kommunikationsprozesse zwischen Personen verschiedener Kulturen dazu führen, dass sich die Interaktionspartner gegenseitig der Andersartigkeit und ihrer konkreten Merkmale bewusst werden und sich ein Verständnis entwickelt für andere Kommunikationssysteme, Konventionen, Einstellungen und Verhaltensweisen. Eine den Anforderungen der Cultural Diversity entsprechende Interne Kommunikation sensibilisiert die Menschen im Unternehmen dafür, dass die Beschäftigung mit anderen Kulturen (einschließlich Eigenarten und Orientierungen) sinnvoll ist, weil sie zu einer konstruktiven Zusammenarbeit führt und sich darüber hinaus auch außerhalb des Unternehmens positiv auf die Gesellschaft auswirkt.

IKEA Deutschland führt regelmäßig Aktionen zur kulturellen Vielfalt durch, wie etwa spezielle Kantinenangebote zum islamischen Fastenmonat Ramadan. Auch ein interkultureller Kalender, der alle christlichen, islamischen, jüdischen, buddhistischen und hinduistischen Festtage beinhaltet, gehört zum Angebot.

Eine Studie der Bertelsmann Stiftung aus dem Jahre 2007 zeigt aber, wie weit wir in Deutschland noch von einer flächendeckenden Realisation des Cultural Diversity Managements entfernt sind. Demnach steht das Konzept noch häufig im Widerspruch zur gelebten Unternehmenskultur und wird als zu komplex und kostenintensiv betrachtet. Das größte Hindernis ist aber offenbar das grundsätzliche Akzeptanzproblem in den Unternehmen. Da verwundert es nicht, wenn Abhilfe schaffende Maßnahmen wie etwa Trainings oder Coaching kaum zum Einsatz kommen. Folglich besteht ein eindeutiger Handlungsbedarf im Hinblick auf eine strategisch zu verankernde multikulturelle Organisation, die von einer ebenso strategisch aufgestellten Diversity Kommunikation begleitet wird und ihre Effekte verstärkt.

Hier steht dann vor allem die Themenfindung und -gestaltung im Vordergrund, verbunden mit Kommunikationsinstrumenten, die eine unmittelbare Begegnung mit »dem Anderen« ermöglichen. Dabei sollten aber weniger die Unterschiede, als vielmehr die Gemeinsamkeiten herausgestellt werden. Themen des Arbeitsalltags so zu gestalten, dass sie bewusst auf die Abgrenzung zu anderen Merkmalen hinweisen, das »Andere« also überdeutlich ansprechen und visualisieren, erweist sich für die Zusammenarbeit als nicht förderlich. Denn so eine Vorgehensweise unterstützt eher eine Ausgrenzung als das Erkennen von Gemeinsamkeiten. (Beispiel: Berichte über Migranten im Unternehmen) Sinnvoller ist es, Maßnahmen des Diversity Managements nicht als solche, sondern in der im Rahmen der allgemeinen Unternehmensstrategie angesetzten Realisierung zu beleuchten. Also dort, wo sie im Wertschöpfungsprozess ihren Niederschlag haben sollen.

Die Vielfalt im Unternehmen ohne Umschweife sichtbar zu machen, ist jedoch unter bestimmten Umständen durchaus möglich. Nämlich überall dort, wo es vorrangig um emotionales Erleben geht und dem Unternehmen glaubwürdig die Umsetzung einer sozial orientierten Maßnahme unterstellt werden kann: Firmenfeiern, Jubiläen, Kantinenessen etc. können unter ein dem Erkennen von Vielfalt dienliches Motto gestellt werden. Von Stereotypen sollte aber auch hier Abstand genommen werden.

BASF zum Beispiel hat seinen Mitarbeitern die Vielfalt im Unternehmen und die darin zum Ausdruck kommende Einzigartigkeit jedes und jeder Einzelnen über eine interne Plakatkampagne deutlich gemacht, die unter dem Motto »Ich bin ein Wert fürs Unternehmen« stand. Diese Kampagne wurde begleitet durch Beiträge in der Mitarbeiterzeitung, Darstellungen im Intranet und Präsentationen auf speziellen Informationsveranstaltungen.

Besondere Beachtung sollte dem Sprachgebrauch im Unternehmen gezollt werden. Denn Sprache spiegelt Weltansichten und bildet Wirklichkeit. Menschen anderer Nationalitäten als die der zum Beispiel an einem konkreten Standort in der Regel dominanten Nationalität werden sich mit der Bezeichnung »Ausländer« nicht wertschätzend dargestellt sehen. Aber auch ein vielleicht im ersten Augenblick als positiv oder wenigstens neutral genutzter Begriff wie »Mitbürger« macht im Grunde auch nur eine Abgrenzung deutlich und kann als diskriminierend gewertet werden. Welche kulturempfindlichen Begriffe im Unternehmensalltag eingeführt und verwendet und gegebenenfalls sogar in

Unternehmensdokumenten, Handbüchern oder Leitbildern manifestiert werden, ist unter dem Aspekt der Diversity Kommunikation besonders umsichtig zu behandeln.

Das gilt im übrigen auch für die Auswahl von Fotos und Abbildungen in den Unternehmenspublikationen. Stereotypen wie das bewusst multikulturell zusammengestellte Team oder die Auflockerung einer männlich besetzten Gruppe durch eine Frau (möglichst in einer – am besten noch ungewöhnlichen – Führungsposition) werden von den Mitarbeitern nur dann akzeptiert, wenn sie dem Unternehmensalltag auch wirklich entsprechen. Meistens ist das aber (noch) nicht der Fall. Daher ist es sinnvoller, Vielfalt nicht demonstrativ darzustellen, wo sie als solche noch nicht bewusst wahrgenommen wird – geschweige denn dort, wo sie noch gar nicht signifikant existiert.

Lesehinweise

Köppel, Petra / Junchen, Yan / Lüdicke, Jörg (2007): »Cultutal Diversity Management in Deutschland hinkt hinterher«. Güterlsoh: Bertelsmann Stiftung. Eine Zusammenfassung dieser Studie ist auch online abrufbar unter: http://www.bertelsmann-stiftung.de/cps/rde/xbcr/SID-F5043FB1-E669BF0B/bst/Global%20Mindset%20und%20Diversity%20Management-Petra%20Koeppel.pdf (06.05.2010)

Liebrich, Anja (2008): »Gestaltung einer diversitysensitiven internen Unternehmenskommunikation«. München [u. a.]: Hampp
Wer einen grundlegenden und fundierten Überblick über die Thematik des Diversity Managements erhalten möchte, ist mit dem Inhalt dieser Dissertation gut ausgerüstet. Im Hinblick auf die Darstellungen zum (internen) Kommunikationsmanagement sind vor allem die Ansätze zur diversityorientierten Aufgliederung der Anspruchsgruppe Mitarbeiter interessant.

Stuber, Michael (2009): »Diversity. Das Potenzial Prinzip. Ressourcen aktivieren, Zusammenarbeit gestalten«. 2. Aufl., Köln: Luchterhand
In diesem Buch erfährt man, neben der grundsätzlichen Auseinandersetzung mit dem Thema Diversity, wie man die Vorteile einer heterogenen Belegschaft strategisch nutzen und messbare Verbesserungen erzielen kann. Ergänzt wird die Darstellung um zahlreiche praktische Beispiele aus Großunternehmen, KMU und dem öffentlichen Bereich.

HR-Kommunikation: Konkurrenz für die Interne Unternehmenskommunikation oder Anstoß für weitere Professionalisierung?

Das eigene Unternehmen als interessanten und potenten Arbeitgeber gegenüber bestehenden wie potenziellen Mitarbeitern darzustellen, ist das Ziel der HR (Human Resources)-Kommunikation. Derzeit ist sie dabei, sich neben der Internen Unternehmenskommunikation meist als eigenständige Funktion in den Personalabteilungen zu etablieren. Mit ihren strategisch orientierten Personalthemen dient die HR-Kommunikation der Steigerung des Bekanntheitsgrades und wird in diesem Rahmen oft als Aspekt des Reputationsmanagements eingesetzt. Auch die eigenen Mitarbeiter sollen für die eigene Marke begeistert und so mehr an das Unternehmen gebunden werden. Grund für das Aufkommen dieser eigenständigen Kommunikationsfunktion (vor allem nach intern gerichtet) ist offenbar der Bedarf an einer qualitativen Steigerung von Motivations- und Identifikationsansätzen, die von den Verantwortlichen der Internen Unternehmenskommunikation anscheinend oft genug nicht zufriedenstellend erfüllt wird. Es wird Zeit, dass sich beide Seiten – Personalmarketing und Interne Unternehmenskommunikation – gemeinsam mit diesem Thema auseinandersetzen.

Human Resources-Kommunikation oder weit häufiger abgekürzt zu finden: HR-Kommunikation ist eine noch sehr junge Ausrichtung der Mitarbeiterkommunikation. Auch die Bezeichnung Personalkommunikation ist zu finden, in der Regel wenn sie als Teilbereich des Personalmarketings betrachtet wird. Häufiger, gleichermaßen in der Praxis wie in der Literatur, verwendet wird aber der Begriff Employer Branding, der sich in erster Linie auf potenzielle Mitarbeiter richtet, aber nicht selten auch die eigenen Mitarbeiter eines Unternehmens einschließt. Gelegentlich stößt man in diesem Zusammenhang auch auf die Begriffe Employer Communications, Employee Branding, Internal Branding oder Behavioral Branding.

Stets geht es dabei um den Arbeitgeber als Marke oder genauer gesagt, die Kommunikation der Arbeitgebermarke. Bewerbern wie Mitarbeitern werden aussagekräftige Informationen über das jeweilige Unternehmen angeboten, die Auskunft geben über das Unternehmen als Arbeitgeber, über Entwicklungsmöglichkeiten, die unternehmensinterne Arbeitswelt oder ganz einfach über die Personalarbeit. Diese Kommunikation soll die Attraktivität des Unternehmens steigern und die Organisation für potenzielle, aber auch für bestehende Mitarbeiter interessant machen.

Mitarbeiter als Markenbotschafter

Kommunikationsziel nach intern ist es zudem, die Mitarbeiter für die eigene Marke zu begeistern, um sie darüber an das Unternehmen zu binden und sie gleichzeitig als Markenbotschafter gegenüber externen Bezugsgruppen, insbesondere gegenüber den Kunden, zu etablieren. Bereits etabliert hat sich dieser Gedanke vor allem in Unternehmen aus dem Dienstleistungs- und Handelssektor sowie aus dem Business-to-Business-Bereich. Denn bei diesen Unternehmen findet ein signifikanter Teil der Leistungserbringung an der Schnittstelle zwischen Mitarbeitern und Kunden statt. Somit hat ein markenadäquates Verhalten der Mitarbeiter für den nachhaltigen Erfolg der Dienstleistung eine große Bedeutung.

Ausschlaggebend für die Beschäftigung mit den Inhalten rund um die HR-Kommunikation ist die zunehmende Schwierigkeit, Informationen über das eigene Unternehmen steuern zu können. Bedingt vor allem durch die Möglichkeiten des Web 2.0 hat ein Arbeitgeber heute kaum noch die laufende Kontrolle darüber, was über ihn veröffentlicht wird. Darüber hinaus ist offenbar die Aufmerksamkeit der Medien auf die Personalarbeit der Unternehmen gestiegen. Die HR-Kommunikation hat sich daher zu einem Aspekt des Reputationsmanagements entwickelt, das der Sicherung des guten Rufes dient. Ausgesuchte strategisch orientierte Personalthemen werden gezielt zur Kontaktpflege mit relevanten Bezugsgruppen eingesetzt, wobei verstärkt auf die Gestaltung eines Dialogs geachtet wird. Dies soll schließlich zu einer Steigerung des Bekanntheitsgrades in der gewünschten Qualität führen.

Nach intern soll diese Form der Kommunikation zudem zur Motivation und Mitarbeiteridentifikation dienen, indem die Strategien des Unternehmens sowie deren Werte und Normen thematisiert werden. Dies geschieht zunehmend auch in Form des Storytellings.

Neuausrichtung der Internen Kommunikation erwünscht

Es stellt sich die Frage, was die Verantwortlichen in den entsprechenden Unternehmen veranlasst, neben der oft seit langer Zeit bestehenden Funktion der Internen Kommunikation die Funktion der HR-Kommunikation aufzubauen. Denn die Sicherung von Motivation und Identifikation gehört zu den klassischen Aufgaben der Internen Kommunikation. Offenbar wird sie dort nach Meinung der Geschäftsleitungen aber nicht immer zufriedenstellend erfüllt. In den betreffenden Fällen orientieren sich die Verantwortlichen der Internen Kommunikation mehr an journalistischen Aufgaben – möglicherweise, weil sie häufig aus diesem Bereich stammen. Ihnen geht es dann eher darum, den Mitarbeitern die (Unternehmens)Welt zu erklären, als sie emotional und rational für das Unternehmen als Leistungsträger anzusprechen und zu halten.

So sehen sie die Attraktivität ihrer Mitarbeiterkommunikation in erster Linie in der journalistischen Qualität ihrer Produkte sowie in der Sicherstellung des internen Kommunikationsflusses durch die Bereitstellung ausgefeilter Kommunikationskanäle. Dabei geht es ihnen um den richtigen Medienmix und funktionsfähige Rahmenbedingungen. Als Mittel werden zum Beispiel die Mitarbeiterzeitung eingesetzt, immer häufiger auch eine Online-Version derselben, weitere Informationsplattformen im Intranet, über die gegebenenfalls Fragen an die Unternehmensleitung gestellt werden können, oder auch reale Plattformen (etwa CEO-Talk oder größer das Townhall-Meeting), auf denen sich die Leitung mit den Mitarbeitern persönlich austauschen kann.

Überschneidung von organisationalen Verantwortungsbereichen
Intensive Motivation und Identifikation (auch gebunden an Qualifikation) finden jedoch vor allem im Rahmen der konkreten Aufgaben, also im Arbeitsalltag statt, und sie werden maßgeblich beeinflusst durch die Führungskräfte *(vgl. Kapitel Führungskräftekommunikation)*. Beide Bereiche wiederum zählen grundsätzlich zum Verantwortungsspektrum der Personalarbeit. Allerdings gehörten strategisch ausgerichtete Kommunikationsaktivitäten bislang nicht dazu. In vielen Unternehmen setzt sich aber mehr und mehr die Erkenntnis durch, dass Mitarbeiterbindung in besonderem Maße durch ebendiese Form der Kommunikation gestaltet werden kann. Aber viele Abteilungen Interne Kommunikation scheinen hierbei am Ende ihrer Fähigkeiten oder auch ihrer Selbstdefinition angekommen zu sein. Was lag da näher, als die Verantwortlichen für die Personalarbeit mit der Kommunikationsarbeit zu beauftragen? Um sich von der – aus ihrer Sicht „klassischen", aber für höhere Zwecke unzulänglichen – Internen Kommunikation abzugrenzen, etablierte sich die HR-Kommunikation. Und einmal auf dem Plan, dient sie nun im klassischen PR-Sinne zusätzlich dazu, die Aufgaben und Dienstleistungsangebote der Personalabteilungen im Unternehmen bekannt zu machen, positiv zu beleuchten und eine fruchtbare Beziehung zu den Mitarbeitern aufzubauen.

Erste Untersuchungen zeigen nun, dass es in den Personalabteilungen aber noch an PR-Kompetenzen mangelt, wie zum Beispiel im Rahmen des Employer Branding etwa der Umgang mit Journalisten oder Fachkenntnisse über die Mechanismen rund um den Image-Aufbau, zum Beispiel Corporate Identity und Issues Management (auch wenn es spezifisch um die Arbeitgeberattraktivität geht). Nach intern mangelt es nicht selten an dialogischen Fähigkeiten oder der zielgruppengerechten Gestaltung von Kommunikation. So wundert es nicht, dass vielerorts Unstimmigkeiten zwischen der Presseabteilung oder der Abteilung für Interne Kommunikation und der Personalabteilung festzustellen sind und sich negativ auf die Belange der HR-Kommunikation auswirken.

Zusammenarbeit von HR und PR erforderlich
Zukunft hat die gewünschte qualitative Steigerung der Mitarbeiterkommunikation offenbar nur dann, wenn entweder die Personaler PR-Kompetenzen aufbauen oder die Unternehmenskommunikation, hier vor allem die Abteilungen für Interne Kommunikation, ihre

Fähigkeiten oder ihre Selbstdefinitionen erweitern. In jedem Fall erscheint es notwendig, dass beide Funktionen im Sinne einer Gesamtkommunikation des Unternehmens eng zusammenarbeiten. Das bedeutet für die Interne Kommunikation, die Personalabteilungen in die Entwicklung und Implementierung ihrer Kommunikationsstrategien einzubinden und die thematischen Belange der HR-Kommunikation aufzugreifen.

Die Personalabteilungen wiederum müssen zielgruppenorientierter vorgehen, das heißt Argumentationslinien und Darstellungen im Sinne der Arbeitgeberattraktivität aus Sicht der anzusprechenden Zielgruppe der (potentiellen) Mitarbeiter zu gestalten. Es darf nicht die Selbstdarstellung im Vordergrund stehen, sondern vielmehr Orientierung und Inhalte. Dabei muss die Kommunikation die Lebenswirklichkeit bzw. die Arbeitsplatzrealität und die Belange ihrer Zielgruppe adressieren, sonst bleibt sie wirkungslos. *(vgl. Kapitel Führungskräftekommunikation)*. Das wiederum bedeutet, die Zielgruppe zunächst durch und durch kennen zu lernen und zu verstehen. Ein wesentlicher Bestandteil sind die Erwartungen an das Unternehmen und seine Position in der Gesellschaft, was nicht zuletzt in der Unternehmenskultur zum Ausdruck kommt. Neben Karriere- und Aufstiegschancen spielen auch andere Faktoren eine bedeutende Rolle für die Motivation und Identifikation und damit für die Bindung an den Arbeitsplatz. Dazu zählen soziales und ökologisches Engagement, Familienfreundlichkeit, Flexibilität des Arbeitsumfeldes oder Weiterbildungsmöglichkeiten. Über diese und andere Präferenzen ihrer Zielgruppe müssen die Kommunikationsverantwortlichen sich Klarheit verschaffen – zumal sich solcherlei Präferenzen auch schnell ändern können –, wollen sie eine wirkungsvolle, das heißt wertschöpfende Kommunikation zu ihnen aufbauen.

Lesehinweise

Jäger, Wolfgang / Rolke, Lothar (2008): »Come together. Personalkommunikation und PR in einem Boot«. In: Berg, Hermann-Josef / Kalthoff-Mahnke, Michael / Eberhard Wolf (Hrsg.): »Jahrbuch Interne Kommunikation 2008. Perspektiven der Internen Kommunikation. Die Besten – Mitarbeiterzeitungen und -zeitschriften in Deutschland.« Dortmund: EDITION INKOM, S. 80-87

Der Beitrag beleuchtet mögliche Ansätze für ein Erfolg versprechendes Zusammenspiel von HR- und PR-Abteilungen in Unternehmen und erläutert die aktuell diskutierten Aufgaben der HR-Kommunikation, die sich in einem sogenannten Internal Branding verdichten.

Tomczak, T. / Esch, F.-R. / Kernstock, J. / Herrmann, A. (Hrsg.) (2009): »Behavioral Branding. Wie Mitarbeiterverhalten die Marke stärkt«. 2. Aufl., Wiesbaden: Gabler

Der Mitarbeiter als Markenbotschafter steht im Mittelpunkt der Fachbeiträge dieses Buches. Im Hinblick auf die Interne Kommunikation wird erläutert, über welche Themen und mit welchen Instrumenten die Mitarbeiter für die Markenstrategie des Unternehmens gewonnen werden können. Hinzu kommen Erläuterungen grundsätzlicher Art rund um den Begriff der Marke bzw. des Brandings (nach intern). Ergänzt wird das Ganze durch Beispiele aus der Praxis.

Kapitel 11
Interne Unternehmenskommunikation – Quo vadis?

Die Praxis der Internen Unternehmenskommunikation zeigt immer noch die ganze Bandbreite vom einsamen Einzelkämpfer ohne klaren Auftrag bis hin zur üppig ausgestatteten High-Tech-Abteilung als verlängerter Arm der Unternehmensführung. Dennoch hat sich für die Interne Unternehmenskommunikation gerade in den vergangenen fünf Jahren ein gewisser Standard aus theoretischer Einordnung und empirischer Forschung ergeben, der in diesem Lehrbuch aufbereitet wurde.

Bei der Sichtung einschlägiger Lehrbücher und wissenschaftlicher Beiträge fällt jedoch auf, dass der Erkenntnisfortschritt in Sachen Interner Unternehmenskommunikation zuletzt eher begrenzt war. Das mag auch an der offensichtlichen Asymmetrie des akademischen Austausches liegen. Denn während sich vor allem das Kommunikationsmanagement stark für Inhalte der Wirtschaftswissenschaften, Psychologie oder Soziologie geöffnet hat und die Lehrpläne dementsprechend erweitert wurden, erfolgte diese Öffnung in umgekehrter Richtung nur selten. So ist es nur unzureichend gelungen, Erkenntnisse der Kommunikationswissenschaft und des Kommunikationsmanagements in benachbarte Fachrichtungen zu transferieren – und dies, obwohl Fragen der Unternehmensführung, des Change Managements oder der Mitarbeitermotivation die genannten Disziplinen eng verbindet. Deshalb ist diesen Disziplinen bzw. ihren Absolventen in der Regel nicht geläufig, dass sich Interne Unternehmenskommunikation klar als Managementfunktion definiert, deren Wirken auf den Gesamterfolg des Unternehmens und seine Geschäftsziele im engeren Sinne ausgerichtet ist – und zwar ganz gleich, ob sie dabei vorrangig andere Managementfunktionen in der bestehenden Wertschöpfungskette »nur« unterstützt oder eigenständige Wertschöpfung zum Beispiel durch Wissensmanagement betreibt. Der mangelnde akademische Austausch findet infolgedessen seine Fortsetzung in der Praxis, in der die Kommunikationsverantwortlichen ihre Rolle im Management häufig erst einmal erklären und mit hohem Aufwand durchsetzen müssen. Je professioneller die Manager der Internen Unternehmenskommunikation ihre Managementfunktion definieren und ihre Beiträge zur Wertschöpfung aufzeigen können, desto besser gelingt diese Positionierung. Auch dabei will dieses Lehrbuch unterstützen.

Bereits in den vorangegangenen Kapiteln wurde immer wieder auf neue Trends und kritische Diskussionen verwiesen. Abschließend sollen hier zu den wichtigsten Gliederungspunkten des Buches einige Perspektiven für die Zukunft der Internen Unternehmenskommunikation aufgegriffen werden. Sie sind zugleich als Anregung zu einer permanenten Theorie-Praxis-Reflexion zu verstehen, nicht zuletzt um aussagekräftige Modelle der Internen Kommunikation entwickeln zu können, die sich für individuelles und organisationales Lernen nutzen lassen.

Interne Unternehmenskommunikation in dezentralen Strukturen: Unternehmensführung auf dem Prüfstand

Eine der interessantesten interdisziplinären Themenstellungen dürfte die bereits in Kap. 1 erwähnte Frage sein, wie sich Unternehmen und Unternehmensgruppen mit hoher Dezentralität überhaupt noch steuern lassen und welche Alternativen sich womöglich anbieten. Hier kann die Interne Unternehmenskommunikation aus ihrem originären Wissen neue Wege für das allgemeine Management aufzeigen, wie eine funktionierende horizontale Kommunikation zwischen Unternehmenseinheiten auf derselben Hierarchiestufe herzustellen ist, ohne dass eine überforderte und überfrachtete Konzernspitze versucht, dies zentral zu steuern. Die Interne Unternehmenskommunikation kann selbst in einem solchen Modell noch einen effektiven Zusammenhalt vermitteln, der nunmehr durch die ökonomischen, ökologischen und sozialen Synergien definiert wird, die durch das Zusammenarbeiten unter einem gemeinsamen Dach entstehen. Diese Synergien sichtbar zu machen und im gemeinsamen Interesse zu verstärken, muss in diesem Führungsmodell im Aufgabenprofil der Internen Kommunikationsabteilung in den jeweiligen dezentralen Einheiten festgehalten sein und dort verantwortet werden, während die zentrale Steuerung nur noch über Zielvereinbarungen erfolgt.

Sicher ist das noch Zukunftsmusik, aber je stärker die zentralistische, streng hierarchisch aufgebaute Steuerung von Unternehmen an ihre Grenzen stößt, desto stärker muss sich auch die Interne Unternehmenskommunikation, die sich bislang zu Recht möglichst eng an der Unternehmensspitze orientiert, mit ganz neuen Blickwinkeln vertraut machen. Vielleicht lässt sich dann auch der Austausch mit den benachbarten Wissenschaftsdisziplinen verbessern, wenn in zentralen Fragestellungen der Managementlehre eigene weiterführende Beiträge aus den Kommunikationsdisziplinen kommen.

Interne Unternehmenskommunikation als Krisenbarometer: Anspruchs- und Zielgruppen im Fokus

Die internen Anspruchsgruppen sind so anspruchsvoll wie nie zuvor – auf diese kurze Formel lässt sich die Entwicklung in diesem Bereich bringen. Sie sind kritischer geworden, verfügen über mehr Informations- und Kommunikationskanäle und verändern dadurch ihre Einstellungen und ihr Verhalten schneller und stärker als je zuvor. Ihre Analyse wird zur Sysiphusarbeit, bleibt aber unumgänglich.

Eine neue Möglichkeit, solche Analysen anzugehen, ohne gleichzeitig bis zur Unkenntlichkeit des Ganzen zu differenzieren, ist eine Typisierung der Zielgruppen nach ihren

Kommunikationsgewohnheiten. Sie kann unternehmensspezifisch, z. B. im Rahmen einer Mitarbeiterbefragung empirisch erhoben werden. Die Definition der Anspruchs- und Zielgruppen erfolgte also nicht mehr nach den hier vorgestellten Kategorien wie Hierarchie, Funktion oder nach soziodemografischen Kriterien, sondern (ausschließlich) nach ihren jeweiligen Mediennutzungsgewohnheiten. Dieses Vorgehen ähnelte vom Vorgehen her der Einteilung der internen Zielgruppen in der Veränderungskommunikation, die sie nach ihrer Rolle im Veränderungsprozess, also die Veränderungstypen, bestimmt.

Insgesamt wird die klassische Zielgruppenanalyse zunehmend überlagert von einem Monitoring des tatsächlichen, beobachtbaren Verhaltens. Auch wenn diesem Arbeitsbereich der Internen Unternehmenskommunikation zu Recht datenschutzrechtliche Grenzen gesetzt sind, wird er dennoch deutlich an Gewicht gewinnen. Das hängt nicht zuletzt mit der Nutzung von Social Media auf hybriden Plattformen, die interne und externe Öffentlichkeit zugleich herstellen, zusammen. Aber schon allein die Tatsache, dass interne Quellen, ganz gleich in welcher Form, für externe Medien von immer stärkerem Interesse geworden sind, führt dazu, dass das Top-Management immer mehr über seine Mitarbeiter, ihre Einstellungen und ihr Verhalten wissen will. Dazu geeignete Wege aufzuzeigen, die auf saubere Erhebungen und Kommunikationsmittel setzen und nicht auf Überwachungstechnik, dürfte sich zu einer Zukunftsaufgabe der Internen Unternehmenskommunikation entwickeln.

Interne Unternehmenskommunikation und ihr Werkzeugkasten: Persönliche Kommunikation lernt von Social Media

Es besteht kein Zweifel, dass mit den neuen Kommunikationsmöglichkeiten und -formen der Social Media die Aufgaben und Arbeitszusammenhänge der Internen Unternehmenskommunikation noch einmal deutlich komplexer, schnelllebiger und damit unübersichtlicher geworden sind. Die Zeit, die die Manager der Internen Unternehmenskommunikation damit verbringen, über neue Instrumente nachzudenken und unternehmensspezifische Anpassungen entwickeln zu lassen, hat dramatisch zugenommen. Manche Beobachter – auch im internationalen Umfeld – meinen, dass sich mit der Breite des Menus an elektronischen Instrumenten diese quasi verselbständigt haben und kaum noch einen Bezug zu den Zielen und Strategien der Internen Unternehmenskommunikation aufweisen. Auch das bereits zitierte Phänomen, nach dem Mitarbeiter zugleich über zuviel und zu wenig Information und Kommunikation klagen, hat hier sicher eine seiner Ursachen.

Andererseits zeigen empirische Untersuchungen immer noch ein diffuses Bild über den realen Umfang des Einsatzes und die Wirkungsweisen der Social Media in Unternehmen. Fallstudien belegen, dass viele Unternehmen es mit einer graduellen Weiterentwicklung ihrer Instrumente bzw. internen Medien und Kanäle versuchen. Fest steht, dass die fundamentalen Aufgaben der Internen Unternehmenskommunikation, zu deren Bewältigung diese neuen Instrumente dienen, sich trotz allem kaum verändert haben. Es geht neben den rein formalen Aufgaben wie der Bereitstellung von betriebsnotwendigen Informationen nach wie vor darum, die Unternehmensführung wahrnehmbar und zugleich ansprechbar zu machen und ihre Ziele und Strategien zu erklären. Jedes neue Instrument muss daran gemessen werden, ob es hierzu einen zusätzlichen Mehrwert schafft, der nicht bereits von bestehenden Instrumenten erbracht wird.

Ein weitergehender Ansatz, Menge und Aussagekraft der eingesetzten Instrumente weiter kritisch zu überprüfen, ist die oben genannte Klassifikation bestimmter Typen der unternehmensinternen Nutzer. Schicke Tools, die nicht auf eine bestimmte Gruppe von Nutzern zielen, braucht kein Unternehmen. Manchmal hilft bei der Entschlackung des Werkzeugkastens auch einfach der Gedanke weiter, nicht jede Anspruchsgruppe auch zur Zielgruppe der Internen Unternehmenskommunikation machen zu müssen, weil man die »kritische Masse« längst erreicht hat. Ob es durch solche Überlegungen gelingen kann, besagtes Rezipientenparadox aufzulösen, bleibt abzuwarten.

Weitgehend einig sind sich Wissenschaft und Praxis, dass die Bedeutung der persönlichen Kommunikation eher zunimmt als abnimmt. Das liegt daran, dass die Themen und auch das gesellschaftliche Umfeld von Unternehmen noch mehr Erklärungsbedarf auslösen und noch mehr Fragen nach dem Sinn von Unternehmensentscheidungen aufwerfen. Ohne Führungskräftekommunikation gibt es keine effektive Interne Unternehmenskommunikation. Auch an dieser Stelle ist festzustellen, dass Mitarbeiter nach Skandaldiskussionen über Gehälter und Bonuszahlungen, nach Korruptionsfällen und anderen Formen des persönlichen Fehlverhaltens sowie nicht zuletzt nach dramatischen ökonomischen Fehleinschätzungen ihrem Top-Management noch kritischer gegenüber stehen. Daraus ist nur ein Schluss zu ziehen: Das Management der Managementkommunikation, sprich die Befähigung des CEO und der Führungskräfte zur professionellen Internen Kommunikation, wird noch wichtiger, weil immer auch ein Stück Glaubwürdigkeit erkämpft werden muss. Das verlangt vor allem in großen Organisationen einen erhöhten Ressourceneinsatz.

Das Instrument der persönlichen Kommunikation selbst wird sich in seiner Ausgestaltung zugleich an den neuen Formen der Kommunikation im Bereich der Social Media orientieren, ja wahrscheinlich orientieren müssen. Die persönliche Kommunikation wird sich im Umfeld von Social Media neu erfinden, indem sie inhaltlich stärker als bisher Unsicherheiten in Entscheidungsprozessen deutlich macht, Alternativen zur Diskussion stellt und dazu auf kurze, schnelle Kommunikationsformate setzt, die durch elektronische Kommunikationsformen, vor allem Videos, gezielt verstärkt werden.

Interne Unternehmenskommunikation und ihre neuen Arbeitsfelder: Zwischen politischer Mobilisierung und Personalrekrutierung

Oft vorher gesagt wurde, dass politische Themen verstärkt Einzug in die Interne Unternehmenskommunikation halten würden und zwar in Form einer glasklaren instrumentellen Kommunikation für Unternehmenszwecke. Nach amerikanischem Vorbild informieren demnach Unternehmen ihre Mitarbeiter über politische Themen oder Personen, die für die Rahmenbedingungen der Branche oder des einzelnen Unternehmens verantwortlich sind und erheblichen Einfluss auf den unternehmerischen Erfolg oder Misserfolg haben können. Ganz im Sinne von »Grassroots Lobbying« werden Mitarbeiter mobilisiert, um über alle Kontaktpunkte – im Wahlkreis, über Vereine oder Interessenverbände oder in Netzwerken – Einfluss im Interesse des Unternehmens auszuüben. Auch wenn in Deutschland hier noch Zurückhaltung herrscht, so ist dies dennoch ein latentes Feld der Internen Unternehmenskommunikation, das zu beobachten sein wird.

Vor allem in der angelsächsischen Literatur wird dem Arbeitsfeld des Employer Brandings im Rahmen der Internen Unternehmenskommunikation hohe Bedeutung zugemessen. Die »retention rate«, also der Quotient aus erfahrenen Mitarbeiter, die das Unternehmen verlassen, und der Gesamtzahl der Mitarbeiter, gilt als wichtige betriebliche Kennzahl, die über Stabilität und Wissensbasis Auskunft gibt. Obwohl der Bedarf an Employer Branding-Maßnahmen stark abhängig von Regionen und Branchen zu sehen ist, dürfte hier gerade im Zusammenhang mit der Internen Unternehmenskommunikation auch in Deutschland ein Arbeitsfeld mit wachsender Bedeutung liegen.

Wie schon die Renaissance der persönlichen Kommunikation auch führt das wachsende Arbeitfeld »Employer Branding« dazu, dass die inhaltlichen und organisatorischen Schnittstellen zwischen den Abteilungen Unternehmenskommunikation und Personal noch größer werden. Eine gemeinsame Organisationseinheit bzw. Abteilung, in der Kommunikation und Personal zusammengeführt werden, dürfte deshalb zukünftig stärker als bisher diskutiert werden. Ihr Aufgabenfeld wäre die interne Unternehmensführung, also das Organisieren von kommunikativen Prozessen, die darauf gerichtet sind, das Wissen, die Einstellungen und das Verhalten bzw. Handeln von Mitarbeitern und anderen internen Zielgruppen im Interesse der Unternehmenszwecke zu beeinflussen.

Dies führt uns zurück zu der in Kapitel 2 gegebenen Definition von Interner Unternehmenskommunikation: Mit Interner Unternehmenskommunikation werden alle internen horizontalen und vertikalen Prozesse organisierter Kommunikation bezeichnet, die durch Einwirken auf Wissen, Einstellungen und Verhalten der Mitglieder eines Unternehmens Entscheidungen ermöglichen, Akzeptanz für diese Entscheidungen und daraus resultierende Handlungen herbeiführen sowie Vertrauen in die Führungspersonen schaffen, um so durch den Erhalt oder die Verbesserung der Produktivität die materiellen und immateriellen Unternehmensziele zu erreichen.

Lesehinweise

Frenzel, Karolina / Müller, Michael / Sottong, Hermann (2008): »Interne Kommunikation im Wandel. Eine Storytelling-Studie zu Problemen, Perspektiven und Lösungsversuchen aus der Sicht von IK-Verantwortlichen deutscher Großunternehmen«. SYSTEM + KOMMUNIKATION. Die vollständige Version der Studie kann im Internet als PDF heruntergeladen werden unter: http://www.sys-kom.de

Sachwortverzeichnis

A

B

C

D

E

F

Zukünftige Themen in der PR-Bibliothek

Evaluation und Controlling von Public Relations

PR-Ratgeber: Interview

Risiko- und Krisenkommunikation

Erfolgreiches Agenda Setting

Public Affairs und Lobbying

Praxis der Presse- und Medienarbeit

Professionelle PR-Konzeption

PR in global markets

Digitale Medien im Fokus von PR und Öffentlichkeitsarbeit

Basiswissen Betriebswirtschaft für PR und Öffentlichkeitsarbeit

---

Corporate Publishing – Publizieren für Unternehmen

Ethik – Pflicht oder Kür in der PR?

Die Autorinnen

Prof. Dr. Ulrike Buchholz
lehrt an der Fachhochschule Hannover das Fach Unternehmenskommunikation im Bachelorstudiengang Public Relations sowie im Masterstudiengang Kommunikationsmanagement. Zuvor war sie bis 2001 verantwortlich für die weltweite interne Kommunikation der Infineon Technologies AG, München. Dort gestaltete sie den Wandel des ehemaligen Halbleiterbereichs der Siemens AG zu einem selbständigen Unternehmen mit – von der Werkschließung über Outsourcing-Maßnahmen sowie der Ausgliederung aus dem Konzern, Firmenneugründung bis zum Gang an die Börse. Nach dem Studium der Linguistik, Germanistik und Indogermanischen Sprachwissenschaft übernahm sie zunächst Aufgaben in der Presse- und Öffentlichkeitsarbeit im Versicherungs- und später im Verlagswesen. Von 1990 bis 1995 war sie in der Unternehmenskommunikation bei Siemens mit verschiedenen Projekten befasst, u. a. mit der Führungskräftekommunikation und dem Aufbau der Kommunikation für den konzernweiten Change-Prozess „top“. Ulrike Buchholz führt PR-Beratung und -Trainings in Industrie und Verbänden durch, hält Gastvorträge auf Tagungen und Kongressen und übernimmt Lehraufträge an auswärtigen Hochschulen. Darüber hinaus wirkt sie in Kommissionen, Jurys und Fachverbänden mit. Sie veröffentlichte diverse Fachbeiträge zur Internen Kommunikation, speziell im Change Management.

Prof. Dr. Susanne Knorre
arbeitet als freie Unternehmensberaterin und hat sich auf Fragen der Unternehmenskommunikation und Organisationsentwicklung spezialisiert. Nach Studium der Politischen Wissenschaften und der Volkswirtschaftslehre an den Universitäten Hamburg und Basel, dem Staatsexamen für den höheren allgemeinen Verwaltungsdienst sowie der Promotion an der Universität Hamburg übernahm Susanne Knorre zunächst verschiedene Funktionen im Wirtschafts- und Verkehrsministerium Rheinland-Pfalz. Von 1990 bis1993 war sie dort Leiterin des Ministerbüros. Danach wechselte sie zur Preussag AG Hannover, um dort ab 1998 die Leitung der Konzernkommunikation zu verantworten. Von 2000 bis 2003 war sie Ministerin für Wirtschaft, Technologie und Verkehr des Landes Niedersachsen. Als Management Partner von Weber Shandwick Deutschland und Geschäftsführerin der Grote&Knorre GmbH sammelte sie Erfahrungen in der nationalen und internationalen Unternehmensberatung. Susanne Knorre lehrt seit 2005 am Institut für Kommunikationsmanagement der Fachhochschule Osnabrück. 2007 nahm sie dort die Berufung auf die nebenberufliche Professur für Unternehmenskommunikation an. Zuvor war sie mit Lehraufträgen am Master-Studiengang „Organization Studies“ der Universität Hildesheim sowie am Institut für Journalistik und Kommunikationsforschung Hannover betraut. Susanne Knorre lehrt darüber hinaus an der Universität Kapstadt am Department of Political Studies.